高等学校规划教材

土 木 工 程 制 图

马彩祝 黄 莉 谢 坚 主编

U0363867

中国建筑工业出版社

图书在版编目（CIP）数据

土木工程制图/马彩祝等主编.—北京：中国建筑工业
出版社，2013.5
ISBN 978-7-112-15477-7

Ⅰ.①土… Ⅱ.①马… Ⅲ.①土木工程-建筑制图-高
等学校-教材 Ⅳ.①TU204

中国版本图书馆 CIP 数据核字（2013）第 111009 号

　　本书主要介绍土木工程制图一般理论和绘图方法，共分 10 章，主要内容为建筑制图基本知识，投影的基本知识，立体的截交与相贯，标高投影，轴测投影，组合体的投影图，工程形体的图样画法，建筑施工图，结构施工图，给水排水施工图。本书采用新的工程图图例，所举建筑施工图案例是编者根据多年的设计和教学经验，结合时代特点，所设计的一套图纸。书中的建筑、结构施工图、给水排水施工图均为同一案例，便于初学者系统地学习建筑工程图的内容。为了加强实践教学，作者还编写了配套的习题集。

　　本书时代感强、实用性强，可作为高等院校土建类专业（如土木工程、建筑设计、环境工程、工程造价、工程管理、房地产开发与管理、安全工程等）的本、专科教材，也可供工程技术人员培训、电视大学、函授大学等相关专业选用。

＊　　　＊　　　＊

责任编辑：王美玲　张莉英
责任设计：张　虹
责任校对：王雪竹　刘　钰

高等学校规划教材
土木工程制图
马彩祝　黄　莉　谢　坚　主编

＊

中国建筑工业出版社出版、发行（北京西郊百万庄）
各地新华书店、建筑书店经销
北京红光制版公司制版
北京富生印刷厂印刷

＊

开本：787×1092 毫米　1/16　印张：14¼　字数：350 千字
2013 年 8 月第一版　2017 年 7 月第五次印刷
定价：**28.00** 元
ISBN 978-7-112-15477-7
（24072）

版权所有　翻印必究
如有印装质量问题，可寄本社退换
（邮政编码 100037）

前　言

作为施工的依据，图纸是土木建筑工程中不可或缺的重要技术资料，所有从事工程技术的人员都首先必须掌握制图的技能。土建工程图是表达房屋、给水排水、桥梁、道路等土木工程设计的重要技术资料和施工的依据。

本书主要介绍土木工程制图一般理论和绘图方法，紧密结合土木工程及建筑学专业，注重从投影理论到制图实践的应用，遵循国家规范，力求反映近年来土木工程、建筑工程专业的最新发展水平。本书根据中华人民共和国住房和城乡建设部等部门于 2010 年 8 月 18 日联合发布、2011 年 3 月 1 日实施的《房屋建筑制图统一标准》GB 50001—2010 编写。

本书具有以下特点：

（1）以"提高素质"为目的。本书指导思想及内容尊重和遵守国家标准，体现严谨、认真、一丝不苟的职业道德。

（2）注重设计制图、草图、计算机辅助设计（CAD）能力的培养。作为制图教材，以图说话是本书编写的特点，其目的是方便自学，方便阅读。对基本概念、投影规律及教学重点、难点问题，都绘制了空间示意图，尽量以图形和表格形式表现、阐述和归纳对比，以帮助学生将顺从空间到平面、从平面到空间的三维思维过程。

（3）"有利于自学"是我们编写本教材的宗旨和目的。书中大部分例题均采用分步作图，每个作图步骤配合一幅专门的图解过程，使作图方法、步骤一目了然。同时强化实践性教学内容，如草图的意义与画图训练、建筑工程图实例导读等。

（4）注重教学性和实用性。本教材内容连贯，系统性好，并奉行实用、好用、适当、简捷、与时俱进、取材新颖的编写原则，拒绝华而不实，内容臃肿。本书作为基础技术课教材，不涉及与土木工程制图教学大纲无关的教学内容。

（5）教学案例独创。书中围绕设有电梯的建筑物展开的专业施工图教学案例，在以往同类教材里属首创。书中建筑施工图、结构施工图、给水排水施工图章节均紧紧围绕这一建筑物展开，将不同专业的设计施工图有机联系起来，方便读者系统地学习房屋工程图的具体内容，深入了解在同一建筑的整套施工图中不同专业的设计方案、表达方法和所包含的内容，从而了解各专业的学习重点、设计及施工规律、绘图技巧等。

（6）轴测图一章别具特色。我们在此增加了徒手绘制轴测图及"正等测交会投影"的教学内容，其目的仍是考虑到计算机绘图的需求。

（7）与本书配套的由谢坚、黄莉、马彩祝主编的《土木工程制图习题集》同时由中国建筑工业出版社出版。本习题集内容与教材紧密相连、优势互补。

本书第 1、4、8、10 章由广州大学马彩祝编写，第 3、5、7 章由广州大学黄莉编写，第 2、6、9 章由广州大学谢坚编写，马彩祝、黄莉、谢坚任主编，马彩祝统稿。参加编写工作的还有吴珊瑚、张春梅、孟庆红、宁艳、陶旭升、扈媛。

本书在编写过程中，参考了国内众多画法几何、工程制图教材及有关文献资料，得到许多同行、专家的指导及许多建设性修改意见，在此一并致谢！

由于编者水平有限，本套教材难免存在不少缺点和错误，恳请广大同仁和读者批评指正。

编者
2013 年 3 月

目　　录

第1章 绪 论

1.1 工程图的发展历史与作用

1.1.1 工程图的发展

人类从劳动开创文明史以来，图形一直是人类认识自然，表达、交流的主要形式之一，从象形文字的使用到今天的科学技术推广，始终与图形有着密切联系。图形的重要性可以说是其他任何表达方式所不能替代的。从埃及人丈量尼罗河两岸土地的方法到希腊欧几里德的几何原本；从文艺复兴资本主义出露端倪到18世纪的工业革命；从法国科学家G·蒙日的画法几何学到工程制图的推广普及，人类在几何图形学的历史长河中，创造了辉煌的篇章，促进了人类工业制造技术和科学技术的蓬勃发展。

当人类进入20世纪中叶，计算机图形学兴起，开创了图形学应用和发展的新纪元——计算机辅助设计（CAD）技术，推动了几乎所有领域的设计革命，CAD技术的发展和应用水平已成为衡量一个国家科技现代化和工业现代化水平的重要标志之一。CAD技术从根本上改变了过去的手工绘图方式，其强大的图形编辑功能以及可以采用多种方法进行二次开发和用户定制的能力，将设计者从繁重的体力、脑力劳动中解放出来。

1.1.2 图形的作用

图形在人类社会发展过程中的作用不可低估，其主要表现在以下几方面：

（1）工程图在构思、设计、制造过程中是必要的媒介，对于推动人类文明的进步、促进制造技术的发展，起了重要作用。

（2）在科学研究中，利用图形直观表达实验数据的规律，对于人们把握事物的内在联系、变化趋势，具有独特的作用。

（3）在表达和培养形象思维中，图的形象性、直观性、准确性使得人们可以通过图形来认识未知，探索真理。

1.2 本课程的主要内容

本课程的主要内容包括：投影基础、组合体的表达、轴测图的绘制、制图标准介绍、建筑施工图的绘制与阅读、结构施工图的绘制与阅读、给水排水施工图的绘制与阅读等内容。

1.3 本课程的任务

培养学生运用绘图技术进行构思、分析和表达工程问题的能力及解决工程问题的能力，同时本课程还将把徒手绘图技能的培训提到教学议事日程上来。本课程主要的任务是：

（1）掌握在平面上表达三维形体的规则与技能。

（2）培养三维逻辑思维和形象思维的设计能力。

（3）培养绘制、表达、阅读建筑施工图、结构施工图图样的基本能力。

（4）培养徒手绘图、仪器绘图的能力，为使用绘图软件设计打下良好的基础。

（5）从讲解"GB（中国国家标准）"和"ISO（国际标准化组织）"着手，培养学生认真负责的工作态度和严谨细致的工作作风。

第2章 投影的基本知识

2.1 投影及投影法分类

2.1.1 投影的概念

影子，是日常生活中常见的现象。物体在光线照射下，会在地面或墙面形成影子，且影子随着照射方向的改变发生变化。人们从影子的自然现象中进行科学的抽象和概括，创造了投影理论，其投影法是各类工程图绘制的基础，如图 2-1 所示。

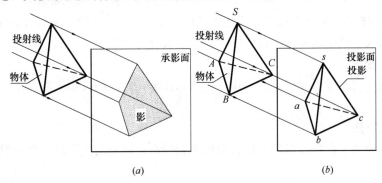

(a) (b)

图 2-1 影子和投影

(a) 影子；(b) 投影

投影，即反映在一定的投射条件下，在承影面（如地面或墙面）上获得与空间几何元素一一对应的图形的过程。

在图 2-2（a）中，假设空间有一点光源 S 和物体 ABC、平面（投影面）H，分别连

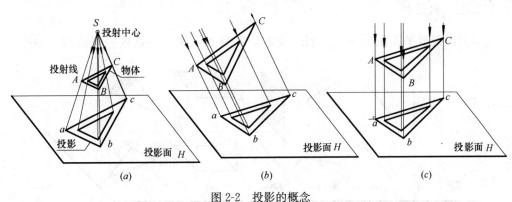

(a) (b) (c)

图 2-2 投影的概念

(a) 中心投影；(b) 平行投影——斜投影；(c) 平行投影——正投影

线 SA、SB、SC 并延长与平面相交于 a、b、c。其中，S 称为投射中心，SA、SB、SC 称为投射线，平面 H 称为投影面，a、b、c 称为点 A、B、C 在 H 面上的投影。这种对空间物体进行投影，在投影面上获得图像的方法称为投影法。

通过上述分析可知，要获得投影必须具备三要素：投射线、空间几何元素或物体、投影面。

2.1.2　投影法的分类

根据投射中心与投影面之间距离远近的不同，投影法可分为两大类：中心投影法、平行投影法。

1. 中心投影法

如图 2-2（a）所示，投射中心 S 距离投影面 H 为有限远时，投射线交于一点 S，用这样的投射线获得的投影称为中心投影。对应的投影方法称为中心投影法。

2. 平行投影法

如图 2-2（b）、图 2-2（c）所示，投射中心 S 距离投影面 H 为无限远时，所有投射线都相互平行，用这样的投射线获得的投影称为平行投影。对应的投影方法称为平行投影法。

根据投射线与投影面垂直与否，平行投影法又分为正投影法、斜投影法。

（1）正投影法

当投射线垂直于投影面时，所得投影称为正投影，对应的投影法称为正投影法，如图 2-2（c）所示。

（2）斜投影法

当投射线倾斜于投影面时，所得投影称为斜投影，对应的投影法称为斜投影法，如图 2-2（b）所示。

2.2　平行投影的特性

积聚性、度量性、定比性和从属性、平行性、类似性是平行投影的重要特性。土建工程制图最常使用的是正投影法，现以之为例说明其投影特性。

2.2.1　积聚性

当空间线段或平面图形垂直于投影面时，其投影积聚为一点或一直线段，如图 2-3

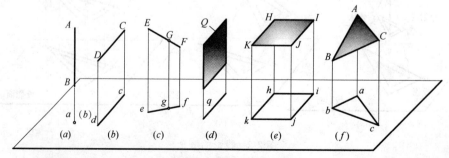

图 2-3　正投影的特性

（a）、（d）所示，直线 AB 垂直于投影面 H 其投影积聚为一点 a（b）；平面 Q 垂直于投影面 H 其投影积聚为一直线段 q。这样的特性称为积聚性。

2.2.2 度量性

当空间线段或平面图形平行于投影面时，其投影反映实长或实形，如图 2-3（b）、（e）所示，直线 CD 平行于投影面 H，其投影 cd 反映实长；平面图形 HIJK 平行于投影面 H，其投影 hijk 反映实形。

2.2.3 定比性和从属性

直线上两线段长度之比等于其投影的长度之比，且直线上点的投影必在直线的投影上。如图 2-3（c）所示，G 在直线 EF 上，则 g 在直线的投影 ef 上，且 EG：GF = eg：gf。

2.2.4 平行性

平行的两直线在同一投影面上的投影仍然保持平行，如图 2-3（e）所示，HI//KJ，则 hi//kj。

2.2.5 类似性

当直线与投影面倾斜时，其投影是变短的直线；当平面与投影面倾斜时，其投影是边数相同的类似形。如图 2-3（c）、（f）所示，直线 EF 的投影为变短了的 ef，平面 ABC 与其投影 abc 是边数相同的类似形。这样的特性称为类似性。

2.3 土建工程中常用的图示法

用图示法表达土建工程形体时，由于所表达的对象不同、目的不同，所采用的图示方法也会不同。下面简单介绍土建工程中常用的多面正投影图、轴测投影图、透视投影图。

2.3.1 多面正投影图

用正投影法在两个或两个以上互相垂直的投影面上绘出形体的正投影图，并将其按一定规则展开在一个平面上。这样的投影图称为多面正投影图，简称投影图，如图 2-4（a）所示。

正投影图的特点是度量性好、作图方便，但缺乏立体感，是土建工程图最主要的图样。

2.3.2 轴测投影图

用平行投影法将形体连同参考直角坐标系，沿合适的方向投射在单一投影面上所得到的具有立体感的图形，称为轴测投影图，如图 2-4（b）所示。

轴测投影图的特点是能在一个投影面上反映形体的长、宽、高三个向度，具有一定的立体感，但不能完整准确的反映形体的形状，只能作为工程辅助图样。

2.3.3 透视投影图

用中心投影法将形体投射在单一投影面上所得到的具有立体感的图形，称为透视投影图，如图2-4 (c) 所示。

透视投影图的特点：因其与照相原理相似，所得投影显得十分逼真，比轴测图更接近于人的视觉效果。这种图多用于建筑物外观或室内的装修效果。

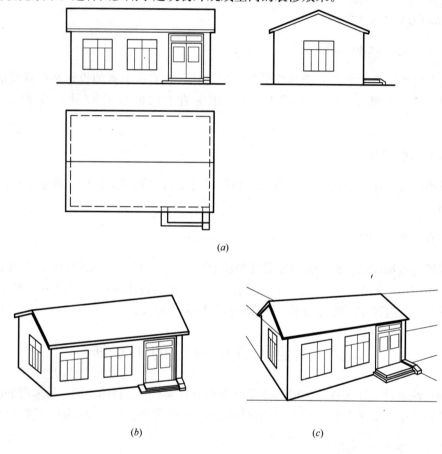

图 2-4　工程中常用投影图
(a) 正投影图；(b) 轴测投影图；(c) 透视投影图

2.4　三 面 正 投 影 图

2.4.1　三面正投影体系

如图2-5所示，一般情况下单面或两面正投影不能确定形体的形状，需三面正投影方能确定。工程上通常用三面正投影图来表达形体的形状。

1. 三面投影体系的建立

在图2-5中，设三个两两垂直的投影面以构成三面投影体系，其中：

水平位置的 H 面称为水平投影面，从上往下进行投射，对应形体的正投影称为水平投影。

正立位置的 V 面称为正立投影面，从前往后进行投射，对应形体的正投影称为正面投影。

侧立位置的 W 面称为侧立投影面，从左往右进行投射，对应形体的正投影称为侧面投影。

图中，V 面、H 面和 W 面三个投影面有三条投影轴。V 面与 H 面的交线称为 X 轴，W 面与 H 面的交线称为 Y 轴，V 面与 W 面的交线称为 Z 轴；三轴线的交点称为原点 O。

因从几何角度分析，空间投影面是无限大的，故两两相互垂直的 V、

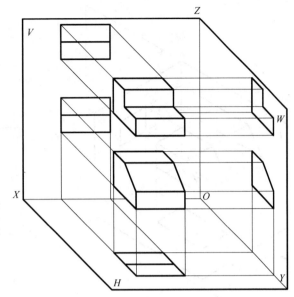

图 2-5　三面投影图的必要性

H、W 面把空间分成八个部分，每一部分称为一个分角，规定：H 面之上、V 面之前、W 面之左为第一分角。划分顺序如图 2-6 所示（第七分角在第八分角的后面）。我国制图标准规定，工程形体放置在第一分角进行投影。

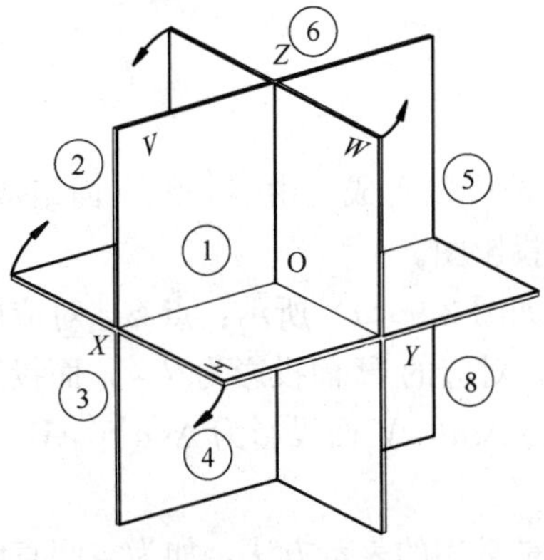

将投影面展开时，规定 V 面固定不动，使 H 面绕 OX 轴向下旋转 90°；使 W 面绕 OZ 轴向右逆时针旋转 90°，最终都与 V 面同在一个平面上，如图 2-6、图 2-7 所示。

这时，Y 轴分为两条，随 H 面旋转的标注为 OY_H，随 W 面旋转的标注为 OY_W。由正面投影（V）、水平投影（H）、侧面投影（W）组成的投影图，称为三面正投影图，简称三面投影图。实际作图时，不必画投影面的边框线。

图 2-6　象限角的定义

2. 三面投影图的特性

如图 2-8 所示，由于三面投影图表达的是同一个形体，且是形体在同一位置向三个投影面所做的正投影，故三面投影图之间的每对相邻投影图，在同一方向的尺寸相等，即：

长对正——V、H 投影都反映形体的长度，展开后这两个投影左右对齐，画图时要对正。

高平齐——V、W 投影都反映形体的高度，展开后这两个投影上下对齐，画图时要平齐。

宽相等——H、W 投影都反映形体的宽度，展开后这两个投影对应宽度相等。

"长对正、高平齐、宽相等"称为九字口诀，是正投影图重要的投影对应关系，不仅适用于形体的总体轮廓，也适用于形体的局部细节，是画图和读图的基础。

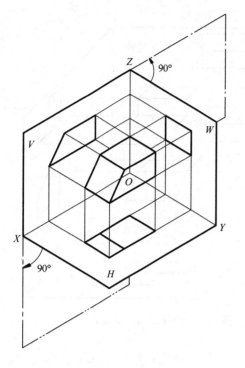

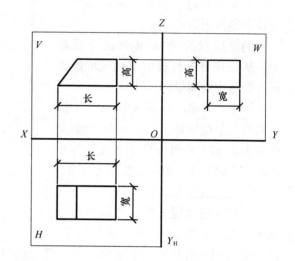

图 2-7　三面投影体系的形成及展开　　　　　图 2-8　三面投影图的特性

2.4.2　点、直线、平面的投影规律

任何工程物体不论怎样复杂，抽象成几何形体后，都可以看成是由点、线、面组成。掌握其投影规律，有助于正确地阅读和绘制工程形体的投影图。

通常，空间点常用大写字母（或罗马序号）表示。如图 2-9（a）所示：点 S，对应的 H 面投影为 s，V 面投影为 s'，W 面投影为 s''；直线 SB，对应的 H 面投影为 sb，V 面投影为 $s'b'$，W 面投影为 $s''b''$；如 $\triangle SAB$，对应的 H 面投影为 $\triangle sab$，V 面投影为 $\triangle s'a'b'$，W 面投影为 $\triangle s''a''b''$。

另外，用单字母或罗马序号表示空间直线和平面也是常用的表示方法，如为空间直线 L，则对应的三面投影依次为 l、l'、l''；如为空间平面 Q，则对应的三面投影依次为 q、q'、q''。

1. 点的投影特性

（1）点的投影规律

如图 2-9（b）所示，以点 S 为例：

点 S 的 V、H 投影连线垂直于 OX 轴，即 $s's \perp OX$。

点 S 的 V、W 投影连线垂直于 OZ 轴，即 $s's'' \perp OZ$。

点 S 的 H 投影 s 到 OX 轴的距离等于点 S 的 W 投影 s'' 到 OZ 轴的距离。

（2）两点的相对位置与重影点

1）两点的相对位置

两点的相对位置，是指两点间的上下、左右、前后位置的关系。在三面投影中：V 面投影能反映出他们的上下、左右关系；H 面投影能反映出左右、前后关系；W 面投影能反映出上下、前后关系。

图示中，点 S 在点 B 右、前、上方，点 C 在点 S 的右、后、下方。

2）重影点

当空间两点相对于某一投影面位于同一条投射线上时，该两点在该投影面上的投影重合，这两点就称为该投影面的重影点。

两点重影必有一点被遮挡，距投影面远的一点可见，被挡住不可见的一点其投影加括号。如图 2-9（b）所示，B、C 二点位于同一条垂直于 W 面的投射线上，故为 W 面的重影点，B 在前可见，C 在后不可见，用（c''）表示。

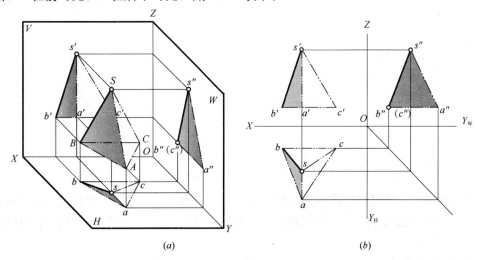

图 2-9　点、线、面的三面投影特性

2. 直线的投影规律

由初等几何可知，两点可定一直线。求作直线的投影，可先求出该直线上任意两点的投影（常取两个端点）。如图 2-9 所示，要确定直线 SA 的空间位置，只需确定该直线上两端点 S、A 的空间位置，直线 SA 的三面投影依次为 sa、$s'a'$、$s''a''$。

直线的投影特性与其相对投影面的位置有关，一般情况下直线的投影仍为直线，特殊情况下直线的投影积聚为一点。如图 2-9 所示，BC 线垂直于 W 面，其对应的投影积聚为点 b''（c''）。

根据直线与投影面相对位置的不同，直线可分为三大类：投影面平行线、投影面垂直线、一般位置直线，如前图 2-3（b）、（a）、（c）所示。

直线与投影面之间的夹角称为倾角。直线与投影面 H、V、W 之间的倾角分别用希腊字母 α、β、γ 表示。

（1）投影面平行线

只与一个投影面平行，而与另两个投影面倾斜的直线，称为投影面平行线。投影面平行线分为三种：水平线、正平线、侧平线。

水平线——平行于 H 面的直线，其水平投影反映实长。

正平线——平行于 V 面的直线，其正面投影反映实长。

侧平线——平行于 W 面的直线，其侧面投影反映实长。

如图 2-10 所示，AB // H 面为水平线，$ab=AB$，$a'b'$//OX，$a''b''$//OY_W，且直线的水平投影反映与 V、W 面的倾角 β、γ。

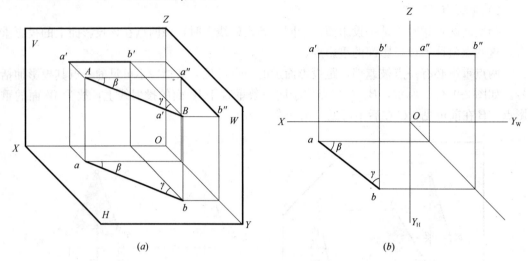

图 2-10　水平线的投影特性
（a）直观图；（b）投影图

综上所述，投影面平行线的主要投影特性为：当直线平行于某一投影面时，在该面上的投影反映实长且反映与另两个投影面的倾角；直线的另外两面投影平行于相应的投影轴。

（2）投影面垂直线

与一个投影面垂直，而与另两个投影面平行的直线，称为投影面垂直线。投影面垂直线分为三种：铅垂线、正垂线、侧垂线。

铅垂线——与 H 面垂直的直线，其水平投影积聚为一点。

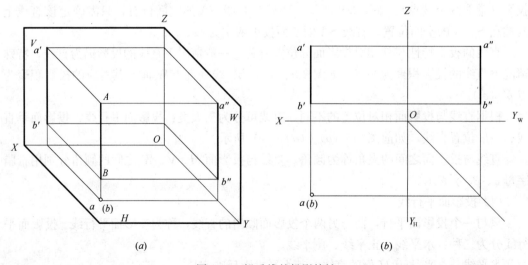

图 2-11　铅垂线的投影特性
（a）直观图；（b）投影图

正垂线——与 V 面垂直的直线，其正面投影积聚为一点。

侧垂线——与 W 面垂直的直线，其侧面投影积聚为一点。

如图 2-11 所示，$AB \perp H$ 面为铅垂线，a（b）积聚为一点，$a'b' \perp OX$，$a''b'' \perp OY_W$，$a'b' = a''b'' = AB$。

综上所述，投影面垂直线的主要投影特性为：当直线垂直于某一投影面时，在该面上的投影积聚为一点；直线的另外两面投影垂直于相应的投影轴，且反映线段的实长。

（3）一般位置直线

与三个投影面均处于倾斜位置的直线，称为一般位置直线。

如图 2-12 所示，直线 AB 倾斜于 H、V、W 三个投影面，其三面投影 ab、$a'b'$、$a''b''$ 均为直线，且不反映实长。

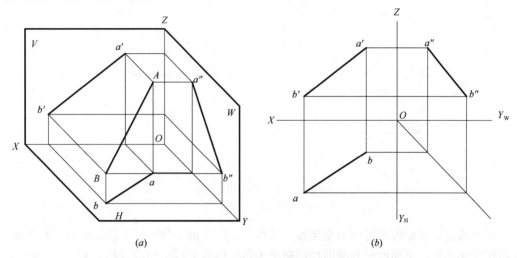

图 2-12 一般位置直线的投影特性

（a）直观图；（b）投影图

综上所述，一般位置直线的主要投影特性为：三个投影均短于实际长度，且均呈倾斜状态。

3. 平面的投影规律

（1）平面表示法

由初等几何可知，常用平面表示法为：一直线和线外一点；不共线的三点；两相交直线；两平行直线；平面图形。

以上五种表示方法可以互相转化。在土建工程制图中，用得较多的是平面图形表示法。

（2）平面的投影特性

平面的投影特性与其相对于投影面的空间位置有关。根据平面与投影面相对位置的不同，可分为三大类：投影面平行面、投影面垂直面、一般位置平面，如前图 2-3（e）、（d）、（f）所示。

平面与投影面 H、V、W 之间的倾角亦分别用希腊字母 α、β、γ 表示。

1）投影面平行面

与某一投影面平行的平面，称为投影面平行面。投影面平行面分为三种：水平面、正平面、侧平面。

水平面——与 H 面平行的平面，其水平投影反映实形。

正平面——与 V 面平行的平面，其正面投影反映实形。

侧平面——与 W 面平行的平面，其侧面投影反映实形。

如图 2-13 所示，Q 面平行于 H 面，$q=Q$，$q'//OX$，$q''//OYw$。

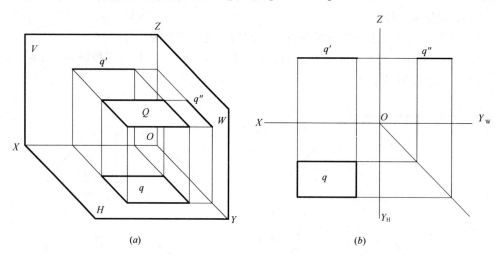

图 2-13　水平面的投影特性
(a) 直观图；(b) 投影图

综上所述，投影面平行面的主要投影特性为：当平面平行于某一投影面时，在该面上的投影反映实形；平面的另外两面投影积聚为直线段并平行于相应的投影轴。

2）投影面垂直面

只与一个投影面垂直的平面，称为投影面垂直面。投影面垂直面分为三种：铅垂面、正垂面、侧垂面。

铅垂面——与 H 面垂直的平面，其水平投影积聚为直线段。

正垂面——与 V 面垂直的平面，其正面投影积聚为直线段。

侧垂面——与 W 面垂直的平面，其侧面投影积聚为直线段。

如图 2-14 所示，Q 面垂直于 H 面，q 积聚为一直线段且反映与 V、W 面的倾角 β、γ；q' 和 q'' 为小于原平面图形的同边数类似形。

综上所述，投影面垂直面的主要投影特性为：当平面垂直于某一投影面时，在该面上的投影积聚为直线段且反映与另外两个投影面的倾角；平面的另外两投影为比实形小的同边数类似形。

3）一般位置平面

与 H、V、W 三个投影面均处于倾斜位置的平面，称为一般位置平面。

如图 2-15 所示，平面 ABC 与 V、H、W 三个投影面均倾斜，其投影 abc、$a'b'c'$ 和 $a''b''c''$ 均为小于实际平面的同边数类似形。

故一般位置平面的主要投影特性为：平面的三面投影均为比实形小的边数相同的类

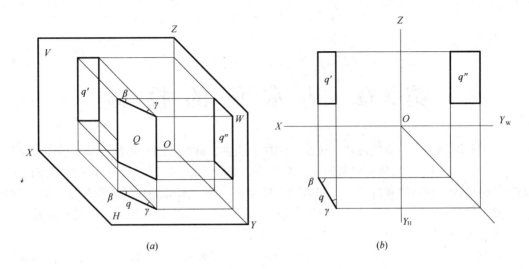

图 2-14　铅垂面的三面投影特性

(a) 直观图；(b) 投影图

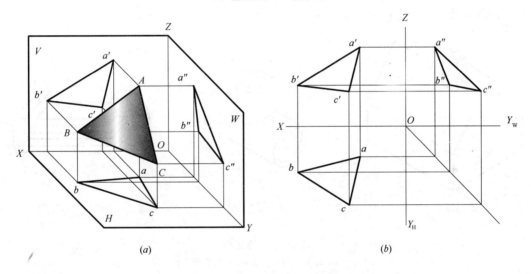

图 2-15　一般位置平面的投影特性

(a) 直观图；(b) 投影图

似形。

2.4.3　无轴投影图

将空间形体进行正投影时，对应投影图的形状、大小不受投影面距离远近的影响。在实际工程中，一般只要求投影图能够准确表达出空间形体的形状和大小，而无需考虑对投影面的距离。因此在作图时，可以不画出投影轴。这种不画出投影轴的正投影图称为无轴投影图。在实际应用中表达工程形体时，一般都采用无轴投影图，如前图 2-4（a）中的正投影图。

第3章 基本体的投影

在工程图档中，通常把棱柱、棱锥、圆柱、圆锥、圆球、圆环等称为基本形体（也称基本立体），各种工程形体都可看做是由基本形体组合而成的。在工程实践中，我们会接触到各种形状的建筑物和构筑物（如房屋、桥梁、大坝、水塔等）及其构配件（如基础、板、梁、柱等）。它们都以三维实体的形式存在于空间，虽然形态各异，但都可以看做是由一些简单的几何形体经过叠加、相交、切割、综合等形式组合而成。

从图3-1中，我们可以观察到：这个小屋可以被分解为一个五棱柱和一个空心四棱柱的组合，三通管可被分解为两个圆柱（圆管），台阶可以被分解为四个大小不一的四棱柱和一个五棱柱。我们把这些简单的几何体称为基本几何体，也可称其为基本形体，把建筑物、构筑物及其构配件称为建筑形体。

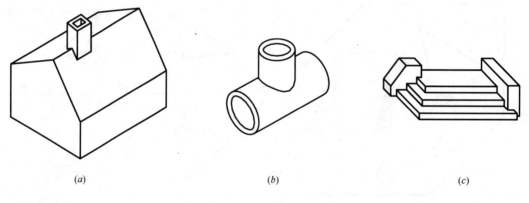

(a)　　　　　　　　　　(b)　　　　　　　　　　(c)

图 3-1　立体实例

(a) 小屋；(b) 三通管；(c) 台阶

立体是由一系列表面所围成的，根据表面的性质不同，立体可以分为平面立体和曲面立体。本章主要介绍平面立体、曲面立体的投影，平面截切立体时截交线的求解，以及立体与立体相贯时相贯线的求解。

3.1 平 面 立 体

3.1.1 概述

立体可以分为平面立体和曲面立体两类。如果立体表面全部由平面所围成，则称为平面立体。最基本的平面立体有棱柱和棱锥，如图3-2 (a)、(b) 所示。如果立体表面由曲面和平面或全部由曲面所围成，则称为曲面立体，最基本的曲面立体有圆柱、圆锥、圆球及圆环等，如图3-2 (c)、(d)、(e)、(f) 所示。

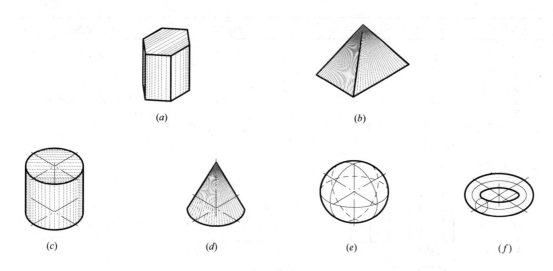

图 3-2　基本几何体

(*a*) 棱柱；(*b*) 棱锥；(*c*) 圆柱；(*d*) 圆锥；(*e*) 圆球；(*f*) 圆环

3.1.2　平面立体的投影

1. 棱柱体

棱柱是由棱面和上、下底面围成的，相邻棱面的交线称为棱线，各棱线均互相平行，一般正棱柱的上、下底面与棱线垂直（表 3-1）。

六棱柱和四棱锥三面投影图的作图步骤　　　　　　　　　　表 3-1

立体名	正六棱柱	四棱锥	作图步骤说明
投影过程			由该轴测图反映平面立体的投影过程
作图步骤一			画对称中心线，轴线和底面投影等作图基准线

立体名	正六棱柱	四棱锥	作图步骤说明
作图步骤二	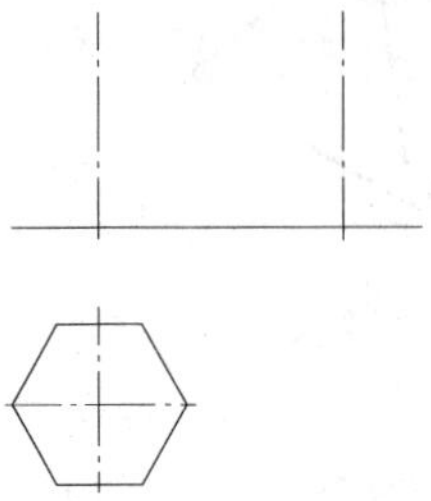	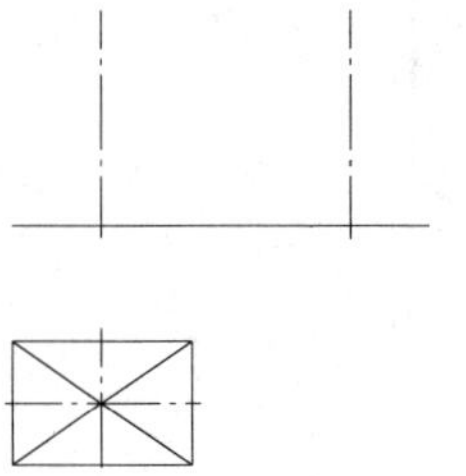	画反映底面实形的水平投影
作图步骤三	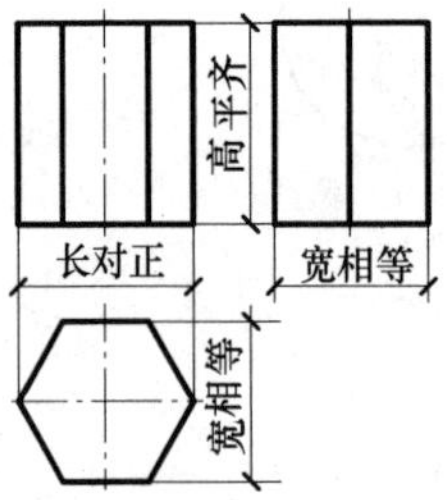 高平齐　长对正　宽相等　宽相等	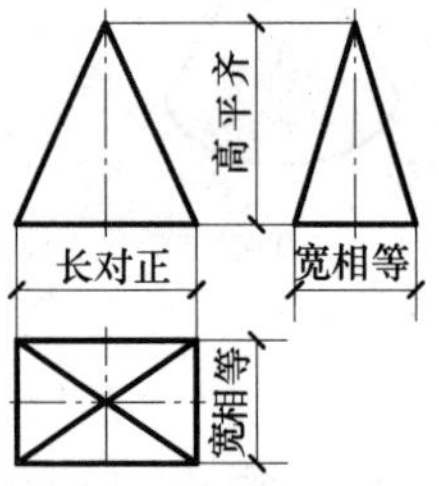 高平齐　长对正　宽相等　宽相等	根据投影规律，画其余投影图，检查、整理底图后加深，得该平面立体三面投影图

2. 棱锥体

棱锥是由棱面和底面围成，各棱面相交，且各棱线交汇于一点（锥顶）（表 3-1）。由表 3-1，以正六棱柱和四棱锥为例，学习棱柱和棱锥三面投影图的作图步骤。其他基本平面立体三面投影图的作法与此相似。

3.1.3　平面截切平面立体——截交线

平面截切立体时平面与立体表面的交线称为截交线，截切立体的平面称为截平面。基本立体被截平面切去某些部分后形成的立体常称为切割体（图 3-3）。截平面的位置、立体的形状及它们与投影面的相对位置不同，截交线也不同，掌握截交线的特点是正确画好截交线的关键。

1. 平面立体截交线的特性

平面立体是由平面围成的，所以平面截切平面立体形成的截交线均为截平面与平面立体表面的交线。

（1）截交线是截平面和平面立体表面的共有线，截交线上的任意一点都是两者的共有点。

（2）截交线的几何形状取决于截平面与平面立体的相对位置及平面立体的几何形状和性质。

平面立体截交线的画法与步骤如下：

（1）先进行空间分析

要明确所画对象的基本形体是什么平面立体；用什么位置的平面在立体的哪个位置截切立体；截平面截切到了立体的哪些面；截切后的立体出现了哪些新的面和线等。

（2）画平面立体截交线的投影

先画基本形体的投影图；再分别确定截平面在各投影图中的位置（特别是截平面的积

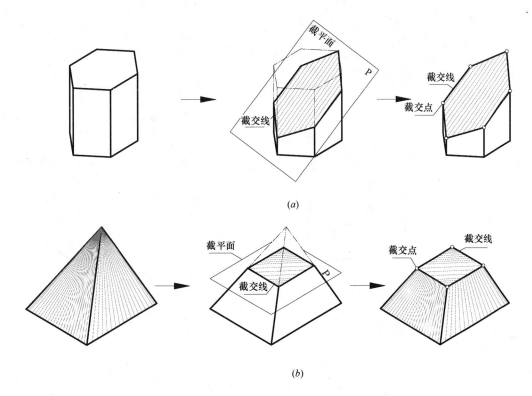

图 3-3 平面切割平面立体产生截交线的过程

(a) 平面斜切棱柱产生截交线的过程；(b) 底面平行面切棱锥产生截交线的过程

聚性投影）；逐个画出截切产生的新线和新面的投影；修改并描深底图，完成被切割平面立体的投影图。

【例 3-1】 如图 3-4 所示，铅垂的六棱柱被一正垂的平面截切，完成其另两面投影。

【解】 作图步骤如下：

1) 分析形体：如图 3-4（a）所示，因截平面为正垂面，六棱柱的六条棱线与截平面的交点的正面投影 1′、2′、3′、4′、5′、6′可直接求出，六棱柱的水平投影有积聚性，各棱线与截平面的交点的水平投影 1、2、3、4、5、6 亦可直接求出，故本题实际为利用棱柱棱线和截平面投影的积聚性和直线上点的从属性来求解截切六棱柱的侧面投影。

2) 如图 3-4（b）所示，首先在正立投影面上找出截平面与六棱柱的交点的最高点Ⅳ和最低点Ⅰ，然后在水平和正立投影面上对截平面与六棱柱的交点的水面投影 1、4 和正面投影 1′、4′进行编号，并利用直线上点的从属性来求出相应点的侧面投影 1″、4″。

3) 如图 3-4（c）所示，首先在正立投影面上找出截平面与六棱柱的交点的其余四个点Ⅱ、Ⅲ、Ⅴ、Ⅵ，然后在水平和正立投影面上对截平面与六棱柱的交点的水面投影 2、3、5、6 和正面投影 2′、3′、5′、6′进行编号，并利用直线上点的从属性来求出相应点的侧面投影 2″、3″、5″、6″。

4) 如图 3-4（d）所示，判断其可见性，将各点的侧面投影依次连接起来，即得到截交线的侧面投影。

5) 如图 3-4（e）所示，在侧面投影图上，将被截平面切去的顶点及各条棱线的相应部分去掉，并注意最右棱线在侧面投影上为不可见棱线，画成虚线。最后描深各底图图线

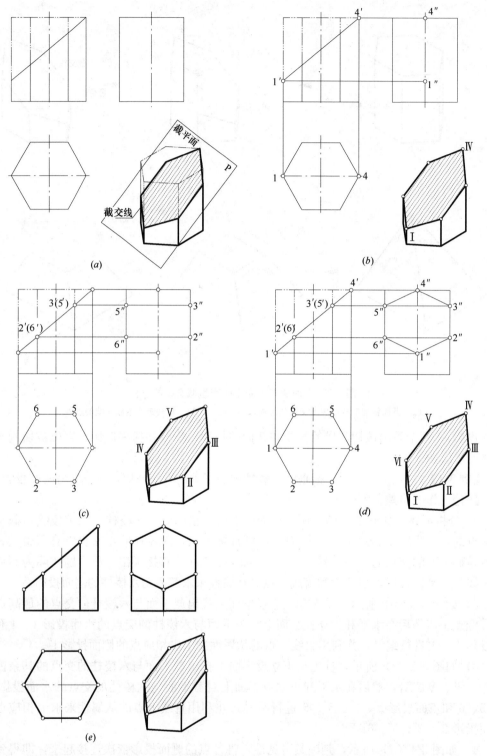

图 3-4 平面斜切六棱柱产生截交线的解题步骤

完成三面投影图，即可得完整的结果。

【例 3-2】 如图 3-5 所示，三棱锥被一正垂的平面截切，完成其另两面投影。

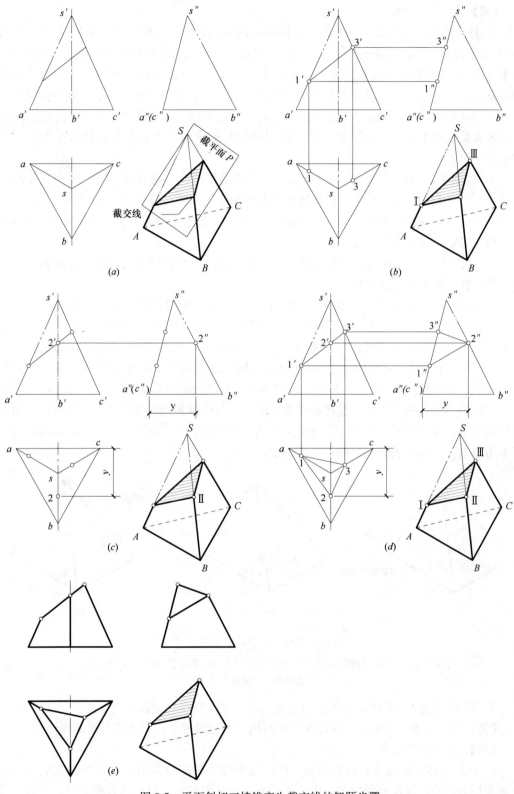

图 3-5 平面斜切三棱锥产生截交线的解题步骤

【解】 作图步骤如下：

1）分析形体：如图 3-5（a）所示，因截平面为正垂面，三棱锥的三条棱线 SA、SB、SC 与截平面的交点的正面投影 1′、2′、3′可直接求出，三棱锥的棱线 SA 和 SC 上交点的水平投影 1、3 可利用直线上点的从属性来直接求出，故本题实际为利用截平面的积聚性和棱锥棱线上点的从属性以及两点之间的相对距离来求解截切三棱锥的水平和侧面投影。

2）如图 3-5（b）所示，在正立投影面上找出截平面与三棱锥 SC 和 SA 的交点的最高点Ⅲ和最低点Ⅰ的正面投影 3′、1′，并利用棱线 SC 和 SA 上点的从属性来求出相应点的水平面投影 3、1。

3）如图 3-5（c）所示，在正立投影面上找出截平面与三棱锥棱线 SB 的交点Ⅱ的正面投影 2′，并利用棱线 SB 上点的从属性来求出相应点的侧面投影 2″。接着利用宽相等的投影规律——即侧面投影 2″到 a″或 c″的相对距离 y 即为水平投影 2 到 a 或 c 的相对距离，来求得三棱锥棱线 SB 上交点Ⅱ的水平投影 2。

4）如图 3-5（d）所示，判断其可见性，将各点的水平和侧面投影依次连接起来，即得到截交线的水平和侧面投影。

5）如图 3-5（e）所示，最后描深各底图图线完成三面投影图，即可得完整的结果。

通常，如图 3-3（a）所示，若棱柱的棱线与某个投影面垂直时，则棱柱面在该投影面上投影具有积聚性，这时，棱柱表面上的点的投影可以直接找出。但对于棱锥的有些棱锥面，如果其投影不具有积聚性，则可以使用辅助直线法——过锥顶 S 和棱锥表面上的点 1 连线，定与棱锥底面交于 A 点，如图 3-6（a）所示。或者也可以使用辅助平面法——过棱锥表面上的 2 点作棱锥底面的平行面，定与棱锥表面相交产生一个与棱锥底面平行的相似形，如图 3-6（b）所示。于是，就可以利用新产生的辅助素线 SA 或辅助底面相似多边形来帮助棱锥表面上点的位置的确定。

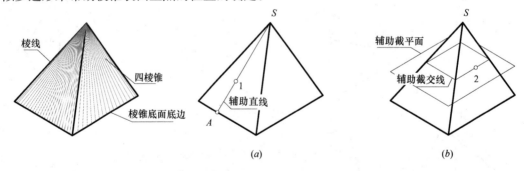

图 3-6 辅助素线法和辅助平面法

（a）辅助素线法—棱锥表面过锥顶的辅助素线 SA；（b）辅助平面法—底面平行面截切棱锥产生的辅助平面

下面以［例 3-3］为例，介绍使用辅助平面法求作棱锥表面截交线上的点。

【例 3-3】 如图 3-7 所示，两特殊截平面相交截切四棱锥，完成其另两面投影。

【解】 作图步骤如下：

1）分析形体：如图 3-7（a）所示，四棱锥所构成的缺口是由一个水平截切面和一个正垂截切面切割四棱锥而形成的，由于水平面和正垂面的正面投影具有积聚性，故截交线的正面投影已知。

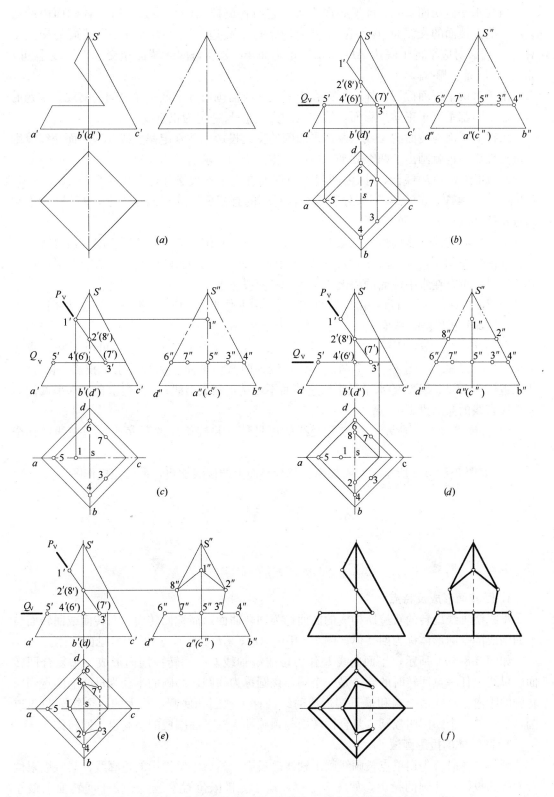

图 3-7 两相交平面切割四棱锥产生截交线的解题步骤

因为水平截切面 Q_V 平行于底面，所以它与各侧棱面的交线必平行于各侧面内的底边，与前方棱面的交线Ⅲ Ⅳ、Ⅳ Ⅴ必对应平行于底边 BC、AB，与后方棱面的交线Ⅴ Ⅵ、Ⅵ Ⅷ必对应平行于底边 AD、DC。正垂面 P_V 分别与四侧棱面相交于直线段Ⅰ Ⅱ、Ⅱ Ⅲ、Ⅰ Ⅷ、Ⅷ Ⅶ。

由于有两个平面截切立体，所以在求截交线时需画出各个截平面之间的交线。本题的两个截平面都垂直于正立投影面，故它们的交线Ⅲ Ⅶ一定为正垂线。

求得截平面与棱面的交线以及截平面间的交线投影，并判定截交线和截平面交线投影的可见性后，也就画出了两个截平面与四棱锥相交的所求的另两面投影。

2）如图 3-7（b）所示，因为两截平面都垂直于正立投影面，所以 1′2′、2′3′、1′8′、7′8′和 3′4′、4′5′、5′6′、6′7′都分别重合在它们的有积聚性的正面投影上，3′7′则位于它们有积聚性的正面投影的重影点处。

根据点在直线上从属性的投影特点，由 5′在 sa 上作出 5。由 5 作 56∥ad、45∥ab；再分别由 4 作 43∥bc 和由 6 作 67∥dc；再根据二求三，直接求出 3″4″、4″5″、5″6″、6″7″，其侧面投影重合在水平截面的积聚成直线的侧面投影上。

3）如图 3-7（c）所示，由 1′分别在 sa、s″a″上作出 1、1″；根据高平齐和从属性，由 2′、8′直接作出 2″、8″，再由二求三，直接求出 2、8。

4）如图 3-7（d）所示，因 3、7 分别在过 4 和 6 的底边平行线上，可由 3′和 7′直接求出水平投影 3、7。连接 3、7 两点，此直线为两截切平面的交线的水平投影，由于 37 线段被棱面 SBC、SDC 的水平投影所遮挡而不可见，画成虚线；3″7″则重合在水平截面的积聚成直线的侧面投影上。

5）如图 3-7（e）所示，判定截交线的可见性，并按相应的顺序连接截交线，补全投影。

6）如图 3-7（f）所示，对需加粗的各投影面上的棱线加粗，最后完成作图。

3.2 回 转 体

3.2.1 概述

1. 回转面形成及特点

母线绕轴线旋转的轨迹所构成的曲面称为回转曲面，简称回转面。回转面或回转面与平面围成的空间形体称为回转体。图 3-2 中的（c）、（d）、（e）、（f）为常见回转体。

如图 3-8（a）所示，平面曲线 L 作为母线绕轴线 OO 回转一周而形成一个复合回转面。母线上任一点回转时的轨迹是一个圆，该圆称为纬圆。纬圆的半径为母线上的点到回转轴的距离。母线最上端和最下端形成的纬圆称为顶圆和底圆，最大的一个纬圆叫赤道圆，最小的一个纬圆叫喉圆。复合回转面与顶圆和底圆平面围成的空间也是回转体。

2. 回转体的投影画法

画回转体时首先用单点长画线画出轴线的投影，然后画出投影的轮廓线，某些极限位置素线的投影和纬圆的投影，如图 3-8（b）所示。极限位置素线——位于回转面上最左最右、最前最后或最上最下极限位置的这些可见与不可见部分的分界线，它们的投影被称

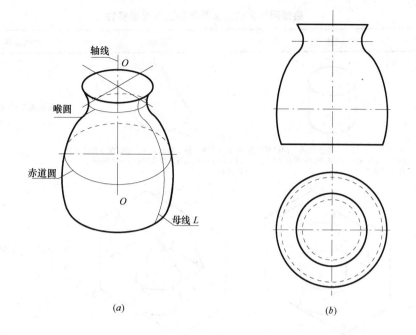

图 3-8　回转面的形成

(a) 回转面形成过程；(b) 回转体投影图

做转向轮廓线。

为了画图方便，对于单个的回转面一般使轴线为投影面的垂直线。这样在平行于轴线的投影面上的投影是最左最右、最前最后或最上最下极限位置素线的投影，其余素线的投影都在此线框内，故不必画出；在垂直于轴线的投影面上的投影为一个或多个同心圆。正回转体（轴线为垂直线）的三个投影至少有两个是一样的，一般只须画出两面投影即可。

3.2.2　常用回转体的投影

1. 圆柱体

圆柱面与顶圆和底圆围成的圆柱体，见表 3-2。圆柱体的投影作法如下：

（1）画出回转轴线的各投影。

（2）确定柱面的位置和方向，画出底圆和顶圆的各投影。

（3）画出圆柱面的转向轮廓线（可见与不可见的分界线）。

当圆柱体的轴线垂直于投影面时，它的底面和顶面在该投影平面上的投影都为圆，见表 3-2。当圆柱体斜置时，则底面和顶面的投影一般情况都不能反映圆柱体正截面的实形，其投影一般为椭圆。

2. 圆锥体

圆锥面与底圆可围成圆锥体，圆锥面的顶点 S 称为锥顶，见表 3-2。当底圆不平行于投影面时其投影也将为椭圆。

3. 圆球体

圆球面围成的空间形体称为圆球体，见表 3-3。

4. 圆环体

圆环面围成的空间形体称为圆环体，见表 3-3。

立体名	圆柱	圆锥	作图步骤说明
形成方式	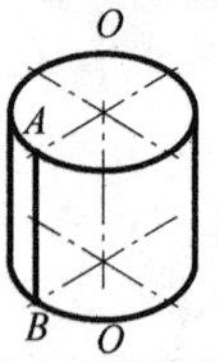 圆柱由圆柱面和上、下底面围成。圆柱面可看成是由直母线 AB 绕与其平行的轴线 O-O 旋转一周形成的	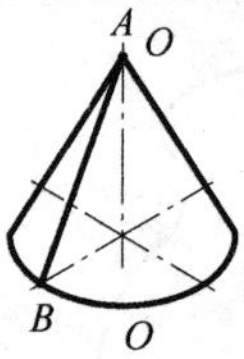 圆锥由圆锥面和下底面围成。圆锥面可看成是由直母线 AB 绕与其相交的轴线 O-O 旋转一周形成的	由该轴测图反映回转体的形成过程
投影过程	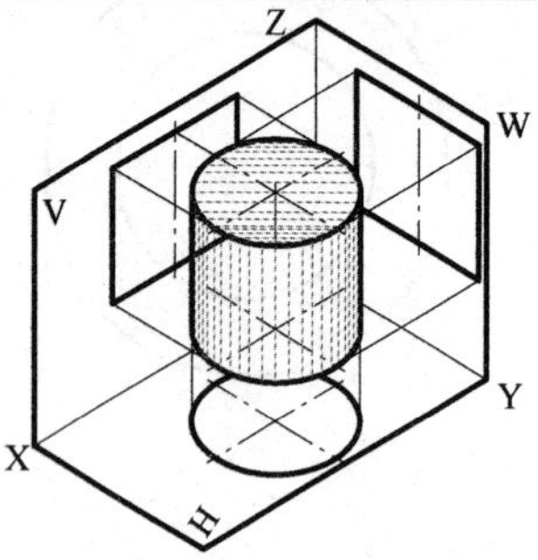	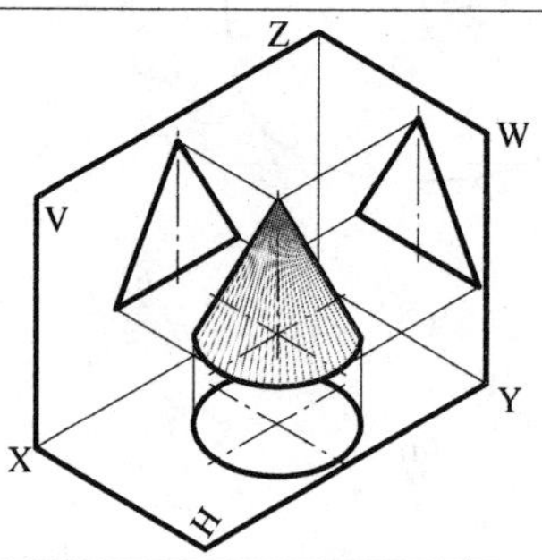	由该轴测图反映回转体的投影过程
作图步骤一	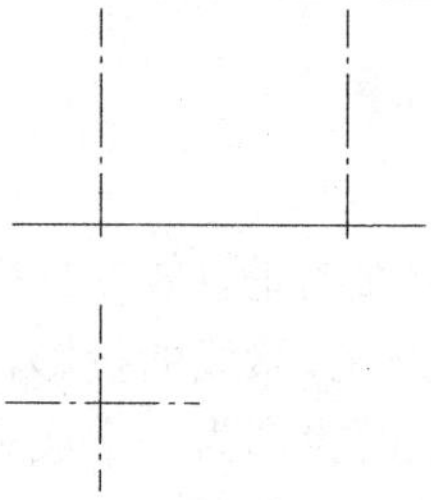	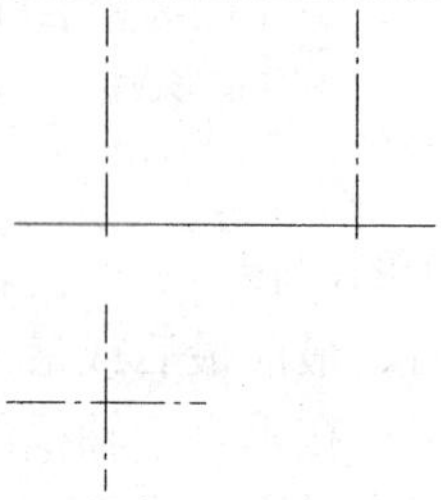	画对称中心线，轴线和底面投影等作图基准线
作图步骤二	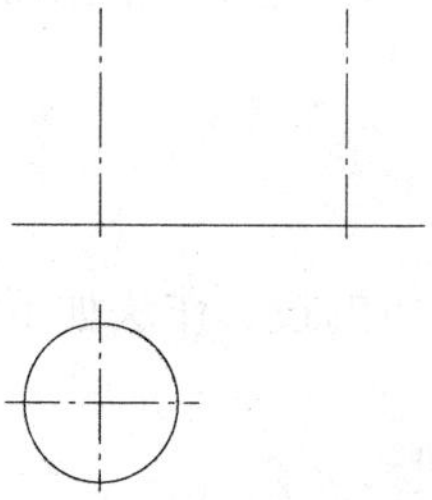	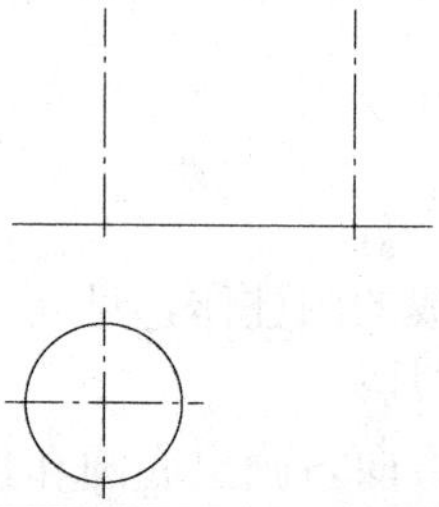	画反映底面实形的水平投影图
作图步骤三	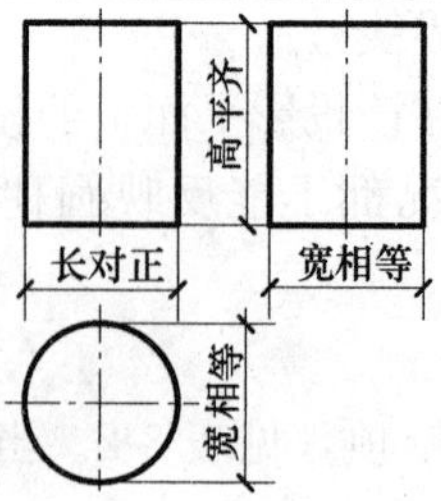	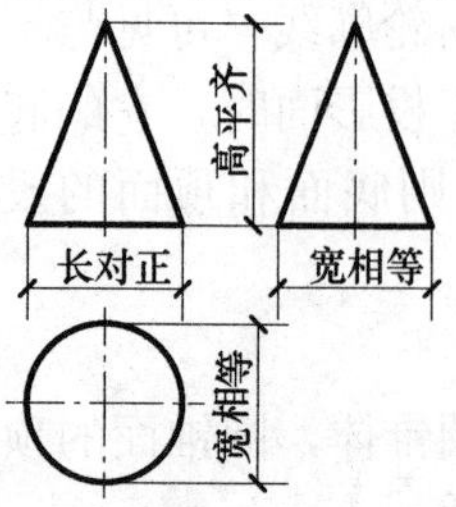	根据投影规律，画其余投影图，检查、整理底图后加深，得该回转体的三面投影图
投影特性	1.轴线垂直于水平面的圆柱，其水平投影是圆，其圆周是整个圆柱面的投影，具有积聚性。2.正面和侧面投影都是以轴线为对称线的完全相同的矩形	1.轴线垂直于水平面的圆锥，其水平投影是圆，由于锥面上所有素线均倾斜于水平面，所以锥面水平投影没有积聚性。2.正面和侧面投影都是以轴线为对称线的完全相同的等腰三角形	

24

立体名	圆球	圆环	作图步骤说明
形成方式	圆球由球面围成，圆球面可看成是由半圆周母线绕其直径为轴线 O-O 回转一周形成	圆环体是由圆环面围成，圆环面可看成是由整圆周母线绕它以外且与它共面的轴线 O-O 回转一周形成	由该轴测图反映回转体的形成过程
投影过程			由该轴测图反映回转体的投影过程
作图步骤一			画对称中心线，轴线等作图基准线
作图步骤二			根据投影规律，画该回转体的三面投影图底图
作图步骤三			检查、整理底图后加深，得该回转体的三面投影图
投影特性	1.圆球的三面投影都是大小相同的圆，且没有积聚性。2.圆的直径等于圆球的投影直径	1.由于主轴线垂直于水平面，所以水平投影呈现圆环状。2.正面和侧面投影都是全等图形	

25

3.2.3 平面截切曲面立体——截交线

由上一节可知曲面立体是由平面与曲面或全部由曲面围成的立体，所以平面截切曲面体时所产生的截交线既可能是平面与平面的交线，也可能是平面与曲面的交线——直线段或曲线段，如图3-9所示。

平面斜切圆柱产生截交线的过程

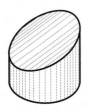

图 3-9　平面截切曲面立体产生的截交线

1. 曲面立体截交线的特性

（1）截交线是截平面和曲面立体表面的共有线，截交线上的任意一点都是两者的共有点。

（2）截交线一般为封闭的平面曲线，特殊情况为直线。截交线的几何形状取决于截平面与曲面立体轴线的相对位置及曲面立体的几何形状和性质。

2. 曲面立体截交线的求作方法

（1）当截平面及曲面立体的某些投影有积聚性时（如正圆柱），可利用他们有积聚性的投影，直接求出截交线上点的其他投影。

（2）一般情况下采用辅助素线法或辅助平面法进行表面取点作图。

平面截切曲面立体产生截交线，截交线的投影为非圆曲线时，求截交线的关键是先求出截交线上若干个特殊点的投影，再求出若干一般点的投影。然后依次光滑连接各点的同面投影，形成截交线的相应投影；可见部分连成粗实线，不可见部分连成虚线。

3. 基本回转体的截交线作图方法

（1）圆柱切割体

单一平面截切圆柱体见表3-4，由表可见圆柱体截交线的形状取决于截平面相对于圆柱体轴线的相对位置。

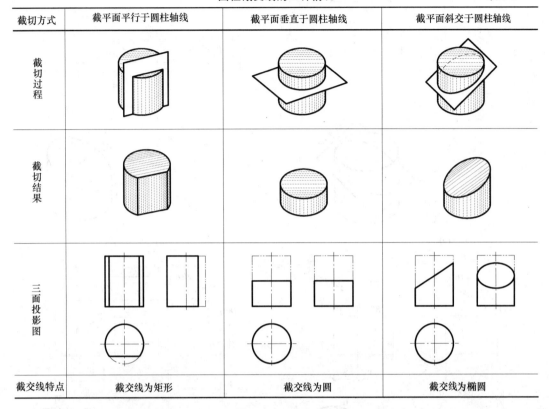

截切方式	截平面平行于圆柱轴线	截平面垂直于圆柱轴线	截平面斜交于圆柱轴线
截切过程			
截切结果			
三面投影图			
截交线特点	截交线为矩形	截交线为圆	截交线为椭圆

画圆柱切割体三面投影图的一般方法步骤如下：

1）分析截平面与圆柱体轴线的相对位置，确定截交线的空间形状。

2）用细实线画出圆柱基本体的三面投影图及截平面（含截交线）的已知投影。

3）对于投影为直线段的截交线，求出直线段的两个端点的投影并连直线即可。对于投影为圆曲线的截交线，求出投影圆的圆心及半径，然后画圆。对于投影为非圆曲线的截交线，应求作截交线上的特殊点、一般点的三面投影，然后依次光滑连接点的同面投影成截交线的相应投影。连线时，不可见部分画成虚线。特殊点是指截交线上的最高点、最低点、最前点、最后点、最左点、最右点及截交线的某投影可见部分与不可见部分的分界点，这些点常在回转体的转向轮廓线上。

4）分析轮廓线的改变，描深各底图图线完成三面投影图。

【例 3-4】 平面 P 斜切圆柱体，如图 3-10（a）所示，试完成其 W 侧面投影。

【解】 作图步骤如下：

1）分析形体：如图 3-10（a）所示，由于截平面 P 与圆柱轴线斜交，所以截交线的空间形状为椭圆；截交线是截平面 P 与圆柱面的共有线，由于截平面 P 为正垂面，其正面投影积聚，所以截交线的正面投影为已知的直线段；由于截交线是圆柱面上的线，圆柱面的水平投影积聚为圆，故截交线的水平投影为已知圆，所以此题仅需求作截交线的侧面投影。

2）如图 3-10（b）所示，根据圆柱的三面投影图和截平面的正面投影 p'，由截交线的水平、正面已知投影求其侧面投影——求特殊点：最高点 V、最低点 I、最前点 III 及最

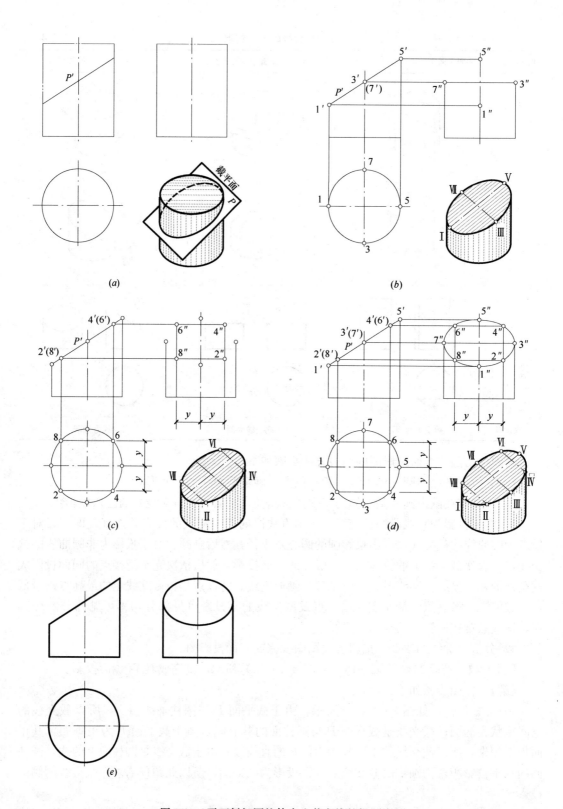

图 3-10　平面斜切圆柱体产生截交线的解题步骤

后点Ⅶ位于圆柱的四条转向轮廓线上，它们在水平投影上的投影 5、1、3、7 可先画出，然后向上引线，得 $5'$、$1'$、$3'$（$7'$），最后根据点的投影规律求出 $5''$、$1''$、$3''$、$7''$。

3）如图 3-10（c）所示，由截交线的水平面、正面已知投影求其侧面投影——求一般点：在圆柱的水平投影上选定一般点 2、4、6、8，然后向上引线，得 $2'$（$8'$）、$4'$（$6'$），最后根据点的投影规律求出 $2''$、$4''$、$6''$、$8''$。

4）如图 3-10（d）所示，将侧面投影上各点平滑连接，即得截交线的侧面投影。

5）最后检查描深，如图 3-10（e）所示。

（2）圆锥切割体

平面截切圆锥体，截交线的形状取决于截平面相对于圆锥体轴线的位置，有 5 种情况见表 3-5。

圆锥截交线的五种情况　　　　　　　　　　表 3-5

截切方式	截平面过锥顶	截平面垂直于圆锥轴线 $\theta=90°$	截平面与圆锥轴线倾斜 $\theta>\alpha$	截平面与圆锥轴线平行 $\theta=0°$	截平面与圆锥轴线倾斜 $\theta=\alpha$
截切过程	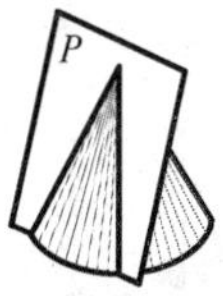	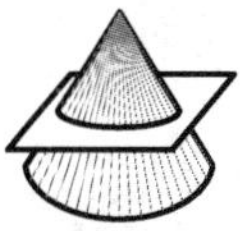	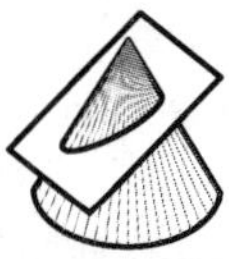	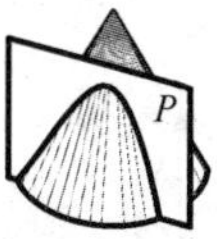	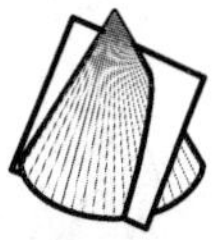
截切结果	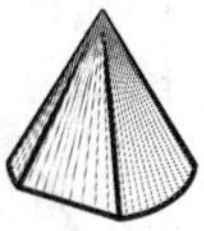	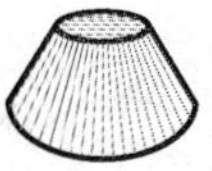		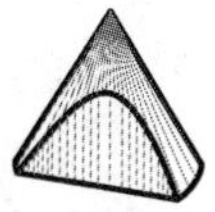	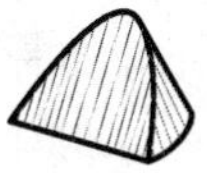
三面投影图	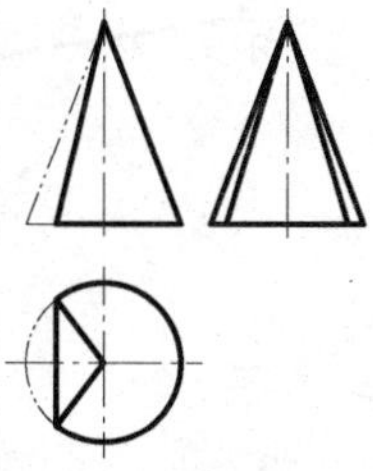	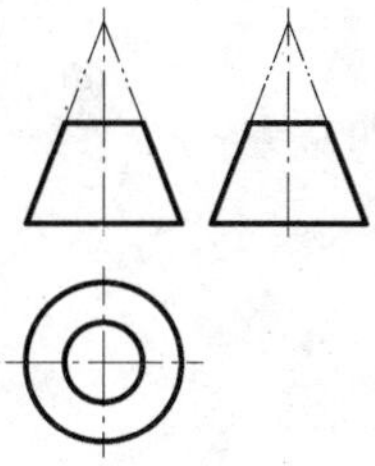	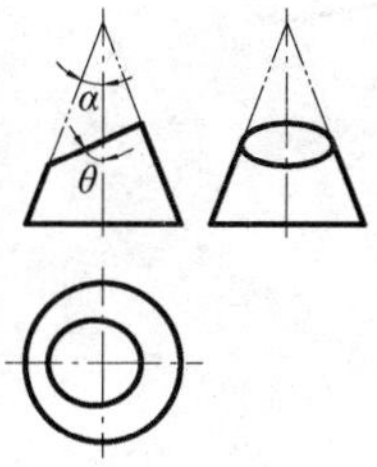	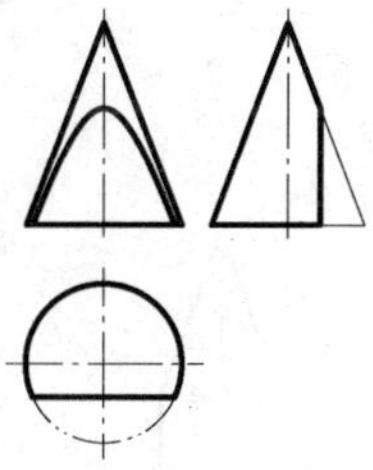	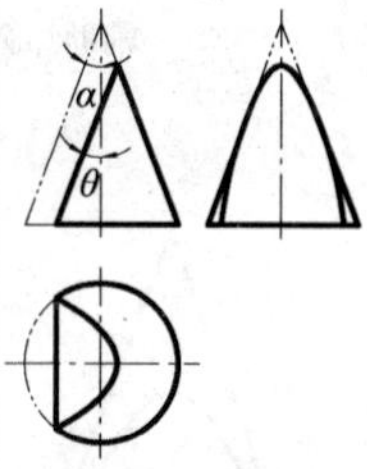
截交线特点	截交线为等腰三角形	截交线为圆	截交线为椭圆	截交线为双曲线	截交线为抛物线

1）截平面过锥顶，截交线是等腰三角形。

2）截平面垂直轴线（$\theta=90°$），截交线是圆。

3）截平面与轴线倾斜且 $\theta>\alpha$，截交线是椭圆。

4）截平面平行于轴线（$\theta=0°$），截交线是双曲线。

5）截平面与轴线倾斜且 $\theta=\alpha$，截交线是抛物线。

画圆锥切割体三面投影图的一般方法步骤见［例 3-5］。

【例 3-5】 正平面 P 截切圆锥体，如图 3-11（a）所示，求作截交线的三面投影。

【解】 作图步骤如下：

1）分析形体：如图 3-11（a）所示，由于截平面平行于圆锥轴线，所以截交线的空

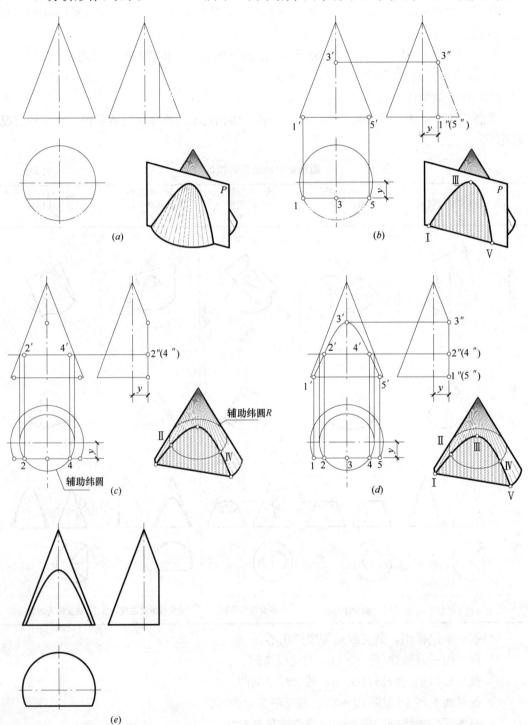

图 3-11　平行于圆锥轴线的平面切圆锥产生截交线—双曲线的解题步骤

30

间形状为双曲线；由于截平面为正平面，其水平、侧面投影积聚，截交线是截平面与形体表面的共有线，所以截交线的水平、侧面投影均为已知的直线段，仅需求作截交线的正面实形投影。

2）如图 3-11（b）所示，由截交线的水平、侧面已知投影——求特殊点：最高点Ⅲ的侧面投影 3″已知，自 3″引线求得 3′；最低点Ⅰ、Ⅴ的水平投影 1、5 已知，向上引垂线求出 1′、5′。

3）如图 3-11（c）所示，由截交线的水平、侧面已知投影——求一般点Ⅱ、Ⅳ：作辅助纬圆 R，与截平面 P 相交于点Ⅱ、Ⅳ，2′、4′可以从水平投影中点 2、4 引垂线求出。

4）如图 3-11（d）所示，光滑连接 1′、2′、3′、4′、5′，即可求的截交线的 V 正面投影。

5）描深底图，完成圆锥切割体的三面投影图，如图 3-11（e）所示。

本例题中求解作图的关键是：正确求作特殊点Ⅰ、Ⅲ、Ⅴ的投影；再利用辅助水平纬圆 R 求一般点Ⅱ、Ⅳ的投影。

（3）圆球切割体

平面截切圆球体，不论平面与圆球的相对位置如何，其截交线在空间是圆，如图 3-12 所示。但由于截切平面对投影面的相对位置不同，所得截交线（圆）的投影不同。截交线圆的直径取决于截平面距离球心的远近，截平面距球心越近截交线圆直径越大，反之越小，当截平面平行于一个投影面时，其截交线圆在该投影面上的投影反映实形，截交线的另两个投影积聚为直线段，直线段的长度为截交线圆的直径。

【例 3-6】 水平面截切球体，如图 3-12 所示，求作截交线的三面投影。

【解】 作图步骤如下：

1）分析形体：如图 3-12（a）所示，截交线的空间形状为圆，由于截平面平行于水平投影面，所以截交线的水平投影反映截交线实形—圆。而且，其正面和侧面投影具有积聚性，均为直线段，直线段的长度为截交线水平圆的直径。由于截交线是截平面与球体表面的共有线，所以截交线的正面投影已知，仅需求作截交线的水平和侧面投影。

2）如图 3-12（b）所示，由于截交线的正面投影具有积聚性，则可据其线段长度得截交线水平圆的直径Ⅰ Ⅲ，得出水平圆上最左、最右点Ⅰ和Ⅲ的三面投影。

3）如图 3-12（c）所示，据水平圆的直径Ⅰ Ⅲ画出该截交线的水平投影，并可得出水平圆上最前、最后点Ⅱ和Ⅳ的三面投影。

4）如图 3-12（d）所示，检查描深底图，完成水平面切割圆球的切割体的三面投影图。

【例 3-7】 正垂面截切球体，如图 3-13 所示，求作截交线的三面投影。

【解】 作图步骤如下：

1）分析形体：如图 3-13（a）所示，截交线的空间形状为圆，由于截平面垂直于正立投影面，截交线是截平面与形体表面的共有线，所以截交线的正面投影具有积聚性为直线段，其水平、侧面投影为椭圆，故截交线的正面投影为已知的直线段，仅需求作截交线的水平和侧面投影。

2）如图 3-13（b）所示，由截交线的正面已知投影——求特殊点：最高点Ⅳ的正面投影 4′已知，自 4′向右引线求得 4″，向下引线求得 4；最低点Ⅰ的正面投影 1′已知，自 1′向右引线求得 1″，向下引线求得 1。

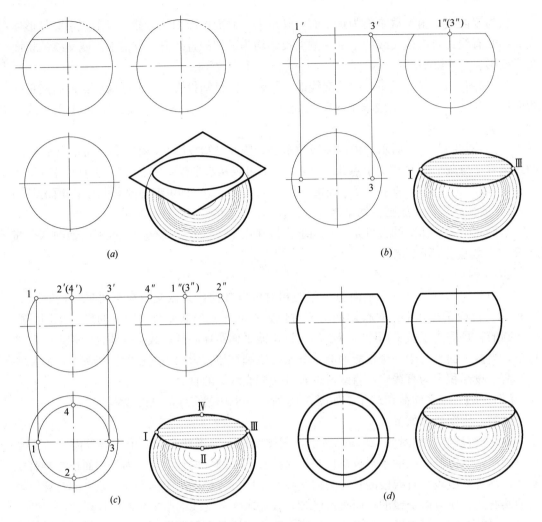

图 3-12　水平面截切球产生截交线—水平圆的解题步骤

如图 3-13（c）所示，由截交线的正面已知投影——求特殊点：过球心的最大水平圆上的点 Ⅱ 和 Ⅵ，由其已知正面投影 $2'$、$6'$ 向下引线分别得其水平投影 2、6，并利用宽 y_1 相等得其侧面投影 $2''$、$6''$。

如图 3-13（c）所示，由截交线的正面已知投影——求特殊点：过球心的最大侧平圆上的点 Ⅲ 和 Ⅴ，由其已知正面投影 $3'$、$5'$ 向右引线分别得其侧面投影 $3''$、$5''$，并利用宽 y_2 相等得其水平投影 3、5。

3）如图 3-13（d）所示，由截交线的正面已知投影——求一般点 Ⅶ、Ⅷ：作辅助水平纬圆 P_V，与截平面相交于点 Ⅶ、Ⅷ。由其已知正面投影 $7'$、$8'$ 向下引线与辅助水平纬圆交得 7、8，再依据宽 y_3 相等得其侧面投影 $7''$、$8''$。

4）如图 3-13（e）所示，光滑连接以上各点，即可求得截交线的三面投影。

5）检查擦去多余的轮廓线，描深底图，完成圆球切割体的三面投影图，如图 3-13（f）所示。

本例题中求解作图的关键是：正确求作特殊点 Ⅰ、Ⅱ、Ⅲ、Ⅳ、Ⅴ、Ⅵ 的投影；再利

32

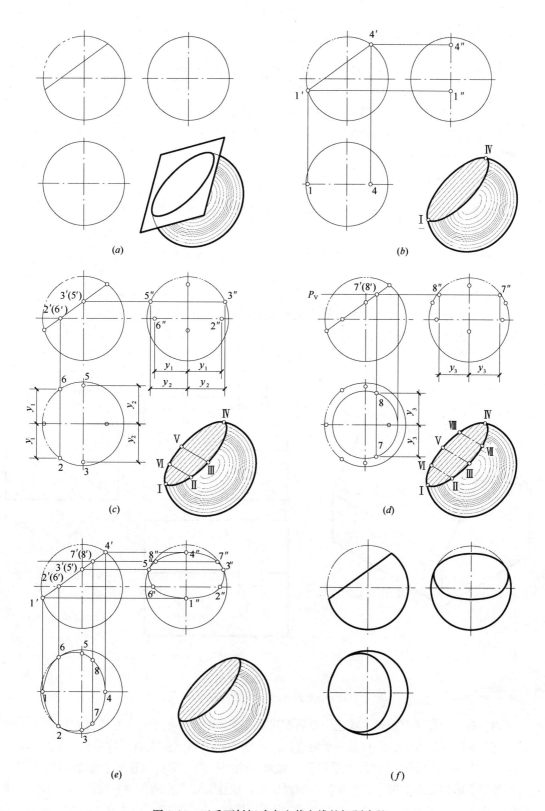

图 3-13　正垂面斜切球产生截交线的解题步骤

用辅助水平纬圆 P_V 求一般点Ⅶ、Ⅷ的投影。

3.3 基 本 体 相 贯

两立体相交又称为两立体相贯，立体相贯时形成的表面交线称为相贯线。通常根据立体的不同将立体相贯分为两平面立体相贯、平面立体与曲面立体相贯以及两曲面立体相贯三种情形进行讨论。

3.3.1 两平面立体相贯

两平面立体表面相交产生的相贯线，一般是封闭的空间折线。折线的每一段是其中一个立体的某一棱面与另一立体的某一棱面的交线；折线的顶点是一个立体的某一棱线与另一立体侧表面的交点。因此，求两平面立体的相贯线，可采用求两平面交线的方法，最终转化为求平面与直线的交点问题。

如图 3-14 所示，小屋屋顶烟囱的四个棱面与前后屋面相贯，相贯线为封闭的空间折线Ⅰ Ⅱ Ⅲ Ⅳ Ⅴ Ⅵ。由于烟囱的水平投影和屋面的侧面投影都有积聚性，它们之间表面交线的水平投影和侧面投影则会分别落在各个形体具有积聚性的投影上，所以，投影图中表面相贯线的正面投影 1′、2′、3′、4′、5′、6′可利用其水平和侧面积聚性的投影直接作图求得。

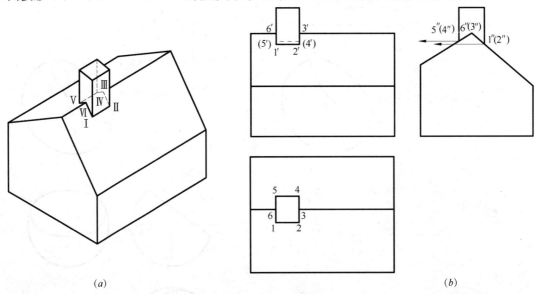

(a)

(b)

图 3-14 两平面立体相贯

(a) 小屋轴测图；(b) 小屋三面投影图

当只有一个投影有积聚性或三个投影都没有积聚性时，求他们的相贯线就相对麻烦一些了。这时要注意逐点、逐线有条不紊地进行，才能顺利求解（先求点后连线）。例如求作图3-15 (a) 所示的房顶透气窗的水平投影，如果有侧面投影，则可以根据平面图和侧立面图宽相等的投影规律直接做出。如果没有侧面投影，这就需要先作两条倾斜的辅助线才能得到题解，作图过程如图 3-15 (b)、(c)、(d) 所示。当然，根据房顶透气窗的左右对称的特性，也可以依据对称性直接作出房顶透气窗右侧与屋顶的交点，从而省略步骤 (c) 得结果 (d)。

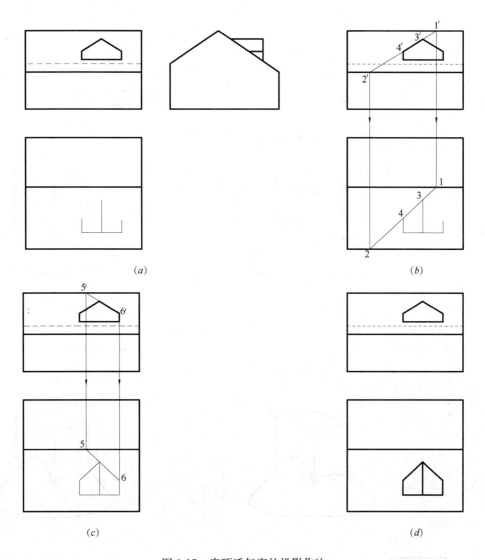

图 3-15　房顶透气窗的投影作法

3.3.2　平面立体与曲面立体相贯

平面立体与曲面立体相贯，其相贯线一般是由若干段平面曲线（包括直线段）所组成的空间分段曲线，一般为封闭的。相贯线的每段曲线是平面立体的某一棱面与曲面立体相交所得的截交线。两段平面曲线的交点叫结合点，是平面立体的棱线与曲面立体的交点。因此求平面立体与曲面立体的交线可以归结为两个基本问题，即求平面与曲面的截交线及直线与曲面的交点。

【例 3-8】　求圆锥形薄壳基础的表面交线，如图 3-16 所示。

【解】　作图步骤如下：

1）分析形体　如图 3-16（a）所示，该基础实际上由四棱柱与圆锥相交而成，它们的中心线相互重合，故其表面交线为由四条双曲线组成的空间曲线。这四条双曲线的连接点也就是四棱柱的棱线与圆锥面的交点。

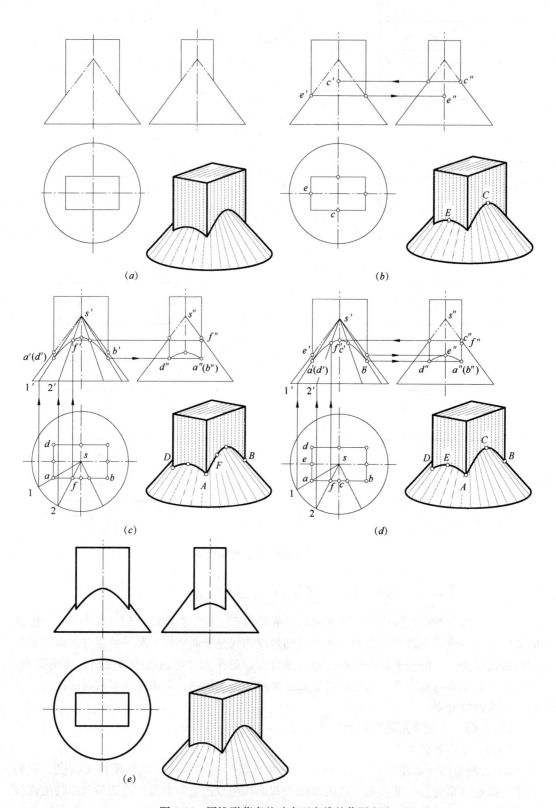

图 3-16 圆锥形薄壳基础表面交线的作图方法

2）如图 3-16（b）所示，先求四条双曲线的四个最高点，圆锥左、右和前、后四条转向轮廓线与四棱柱相应棱面的交点即为所求的四个最高点，图中利用棱面投影的积聚性分别求出最高点 c''、c' 和 e''、e' 等（注：由于形体前后左右对称，为图例清晰起见，只标出左前侧的部分点的投影，其余部分可依据对称性求出）。

3）如图 3-16（c）所示，求四个最低点的投影。由于四棱柱的水平投影有积聚性，故可在水平投影中作通过最低点 a 的圆锥素线的投影 $s1$，据此按投影关系作出 $s'1'$，$s'1'$ 与四棱柱左前棱线正面投影的交点 a' 即为一个最低点的投影；又由于在图示情况下，四个最低点是对称分布的（即是等高的），所以通过 a' 作水平线与其他各棱线正面投影相交，即可求出其他棱线上各点的投影。

如图 3-16（c）所示，再求若干一般点。在圆锥面上任作素线 $s\mathrm{II}$ 的投影，$s2$ 与棱面的水平投影相交于点 f；按投影关系作出 $s'2'$ 后，便可据在 $s'2'$ 上求出 f'。

4）如图 3-16（d）所示，将求出的点以四个最低点为界分段光滑连接。

5）如图 3-16（e）所示，按图线要求描深各图线，便可完成圆锥形薄壳基础的三面投影图。

本例也可以用在圆锥面上作辅助纬圆的方法来求解。

3.3.3　两曲面立体相贯——相贯线

两曲面立体的表面交线一般是闭合的空间曲线。投影作图时，需先设法求出两形体表面的若干共有点（特别是特殊位置的点），然后把它们用曲线光滑地连接起来，并区分可见性，如图 3-17 所示。

两个回转体的相贯线一般是闭合的空间曲线，特殊情况下可能是平面曲线或直线。相贯线有三种形式，即两外表面相贯、外表面与内表面相贯以及两内表面相贯。轴线正交的两圆柱相贯的三种形式见表 3-6，这三种情况下相贯线的形状、性质均相同。

轴线正交的两圆柱体相贯线的三种形式　　　　　　　　　表 3-6

形成方式	外表面相贯	外表面与内表面相贯	内表面相贯
直观图	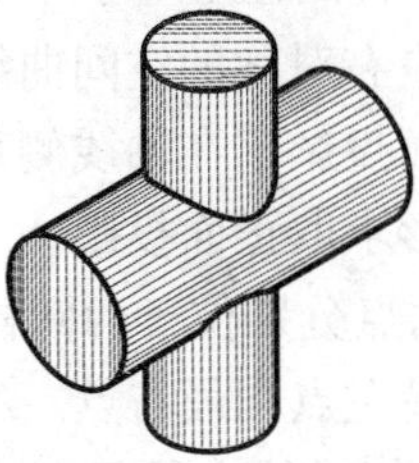	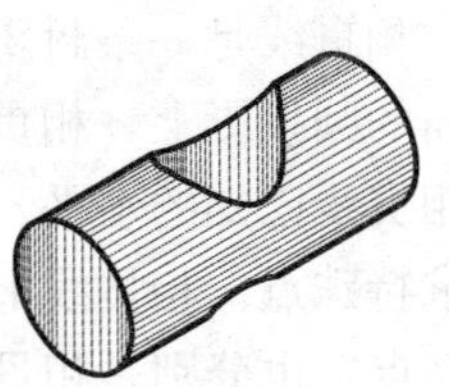	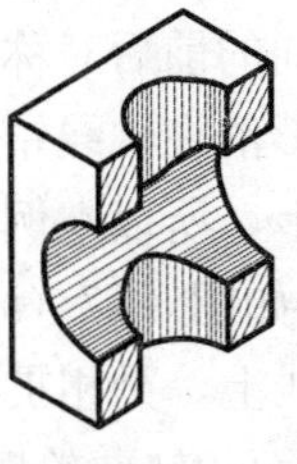
三面投影图	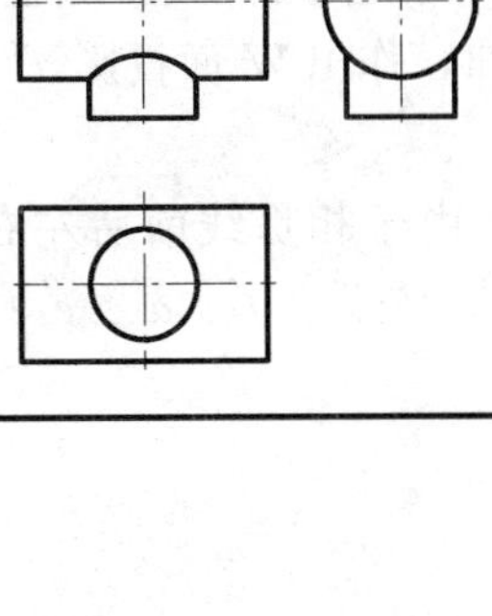	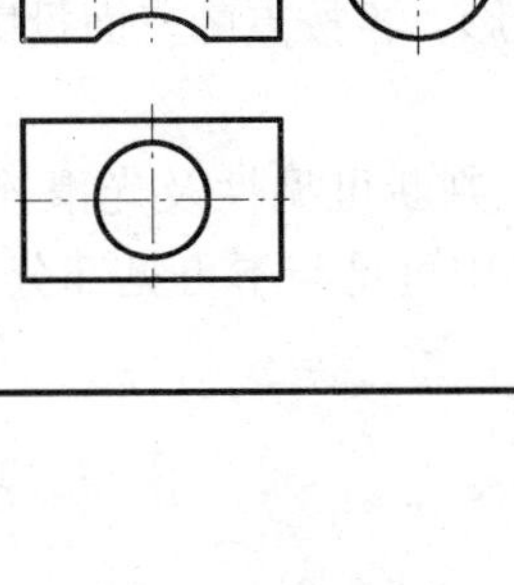	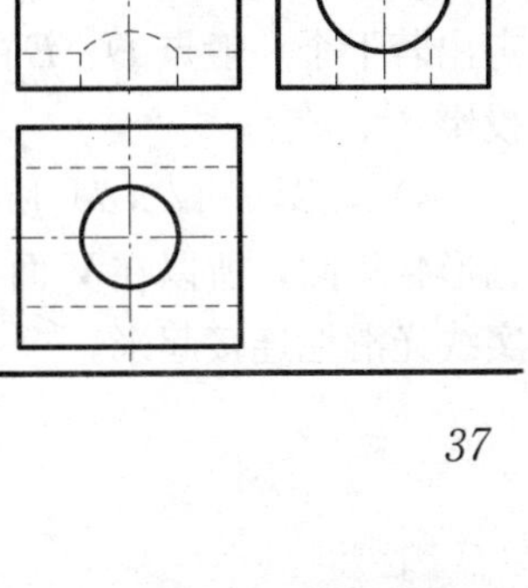

求作回转体相贯线的投影与求作截交线一样，应设法求出两立体表面上的一系列共有点，然后依点连线。表 3-6 所示三种形式相贯线的求法也相同，所不同的是圆孔与圆孔相交若不可见时，圆孔的转向轮廓线和相贯线的投影应用虚线画出。

1. 求作回转体相贯线的投影的常见方法

（1）利用积聚性投影取点作图法。当相交的两曲面立体，其表面垂直于投影面时，可利用它们在投影面中积聚性投影，采用立体表面上取点作图法直接求出。

（2）辅助截平面或辅助球面法。当相交的两曲面立体的相贯线不能用积聚性投影求作时，可采用辅助截平面法，条件合适时，也可用辅助球面法作图。

注意：为使作图简化，要使辅助面与两曲面的交线的投影都是简单易画的图形，即直线或圆。

2. 求作回转体相贯线的投影的一般步骤

（1）分析相关回转体及相贯线的特点。

（2）用细线画出两相贯基本体的三面投影图。

（3）求相贯线的投影。相贯线的投影一般采用取点连线的方法：①求相贯线上特殊点的投影（特殊点意义与截交线中所述相同），且特殊点多位于回转体的转向轮廓线上。②求作适当数量的一般位置点，以使相贯线的各投影线光滑正确。用粗实线、虚线分别绘制相贯线投影的可见和不可见部分。③可见性的判别原则是：只有同时位于两立体可见表面上的相贯线部分，其投影才可见，否则为不可见。

（4）按图线要求描深底图图线，完成整个相贯形体的三面投影图。

3. 轴线互相垂直的两圆柱的相贯线

当圆柱体轴线垂直于投影面时，其圆柱表面在该投影面上的投影有积聚性，所以轴线互相垂直的两圆柱相贯线可利用积聚性投影取点作图法求解。

【例 3-9】 求轴线正交两圆柱的相贯线，如图 3-17 所示。

【解】 作图步骤如下：

1）分析形体。如图 3-17（a）所示，相贯线是两圆柱的共有线，两圆柱轴线垂直相交，一圆柱的轴线垂直 W 面，一圆柱的轴线垂直 H 面，竖直圆柱全贯于水平圆柱，相贯体有共同的前后对称面。因此，相贯线是一条封闭的前后左右对称的空间曲线。相贯线的水平投影落在轴线铅垂的圆柱面的圆投影上，相贯线的侧面投影落在轴线侧垂的圆柱面的圆投影上，所以本例只需利用相贯线已知的水平、侧面投影求取正面投影。

2）如图 3-17（b）所示，求特殊点。相贯线上 B、C 两点分别位于两圆柱对 V 面的转向轮廓线上，是相贯线上的最高点，也分别是相贯线上的最左点和最右点。A 点位于小圆柱对 W 面的转向轮廓线上，它是相贯线上的最低点，也是相贯线上的最前点。在投影图上可直接作投影连线求的 a'、b'、c'。

3）如图 3-17（c）所示，求一般点。先在水平投影中的小圆柱投影圆上，适当地确定出若干个一般点 D、E 的投影，再按点的三面投影规律，作出 W 面投影 d''、e'' 和 V 面投影 d'、e'。

4）如图 3-17（d）所示，判断可见性及光滑连接。由于相贯线前后左右部分对称，且形状相同，所以在 V 面投影中可见与不可见部分重合，按 b'、d'、a'、e'、c' 顺序用粗实线光滑地连接起来。

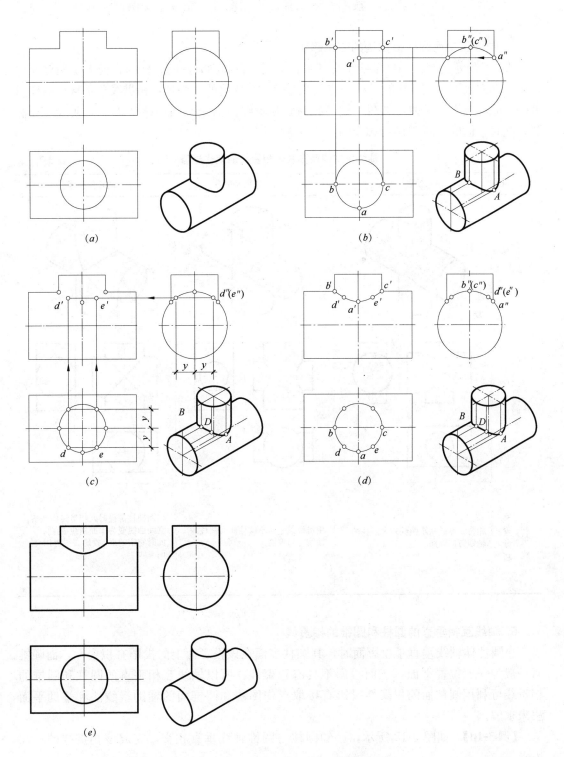

图 3-17 轴线正交的两圆柱相贯线的作图方法

5）如图 3-17（*e*）所示，按图线要求描深底图图线，完成正交两圆柱立体的三面投影图。

4. 轴线正交两圆柱相贯线的变化趋势

表 3-7 所示为当两圆柱轴线正交且平行于同一投影面时，两圆柱的直径大小相对变化引起了它们表面的相贯线的形状和位置产生变化。变化的趋势是：相贯线总是从小圆柱向大圆柱的轴线方向弯曲，当两圆柱等径时，相贯线由两条空间曲线变为平面曲线——椭圆，此时它们的 *V* 面投影为相交两直线（表 3-7）。

轴线正交的两圆柱体相贯线的变化趋势   表 3-7

直径变化	两直径竖小平大	两直径竖大平小	两直径相等
直观图	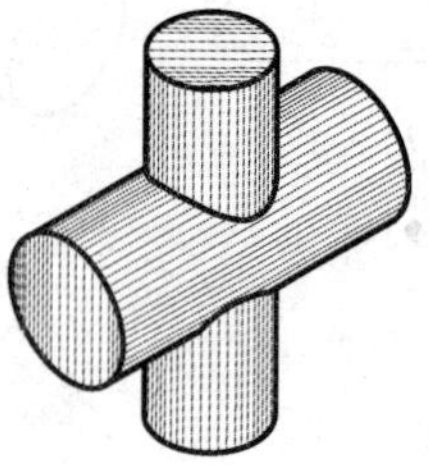	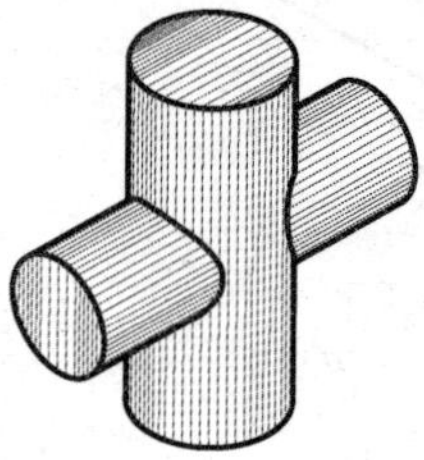	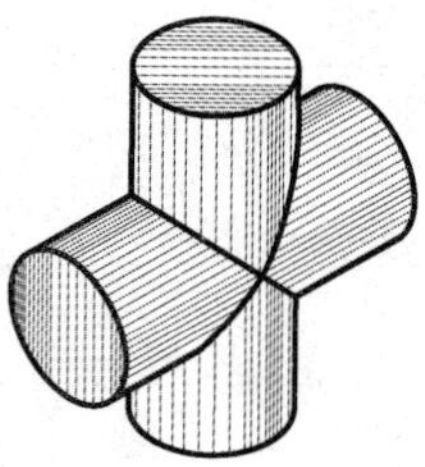
三面投影图	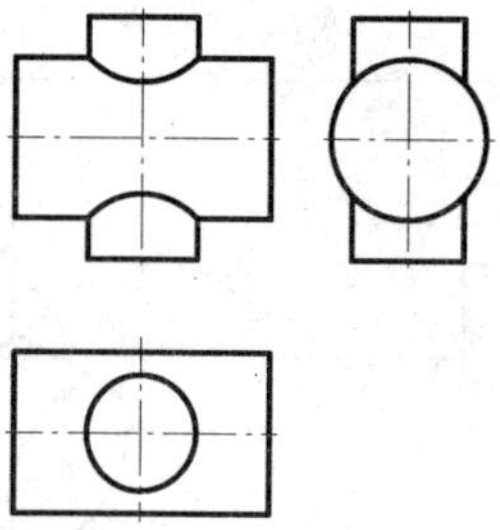	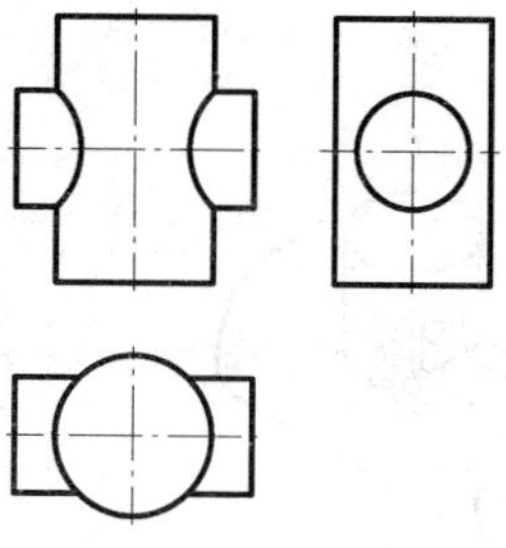	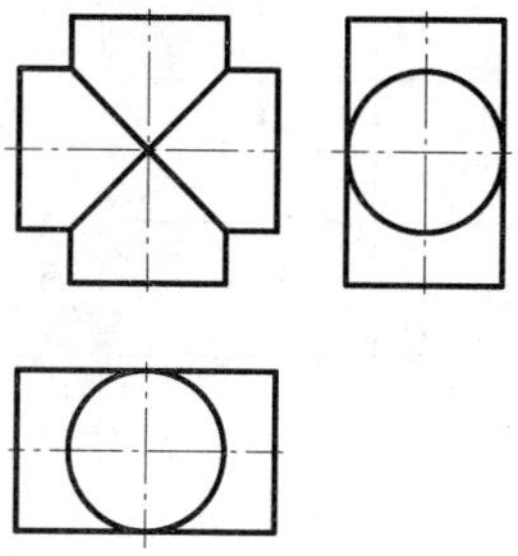
相贯线趋势分析	相贯线总是从小圆柱向大圆柱的轴线方向弯曲	相贯线总是从小圆柱向大圆柱的轴线方向弯曲	当两圆柱等径时，相贯线由两条空间曲线变为平面曲线-椭圆，此时它们的面 *v* 投影表现为相交两直线

5. 轴线互相垂直的圆柱和圆锥的相贯线

当圆柱体轴线垂直于投影面时，其圆柱表面在该投影面上的投影有积聚性，而圆锥面一般为一般位置平面，三面投影不具有积聚性，所以轴线互相垂直的圆柱和圆锥的相贯线可利用圆柱面的积聚性投影直接取点作图法和圆锥面的辅助素线法和辅助平面法来求解。

【例 3-10】 如图 3-18 所示，已知圆柱与圆锥轴线垂直相交，完成该相贯线的三面投影。

【解】 作图步骤如下：

1）分析形体 如图 3-18（*a*）所示，从图中已知条件可知：圆柱和圆锥两轴线垂直相

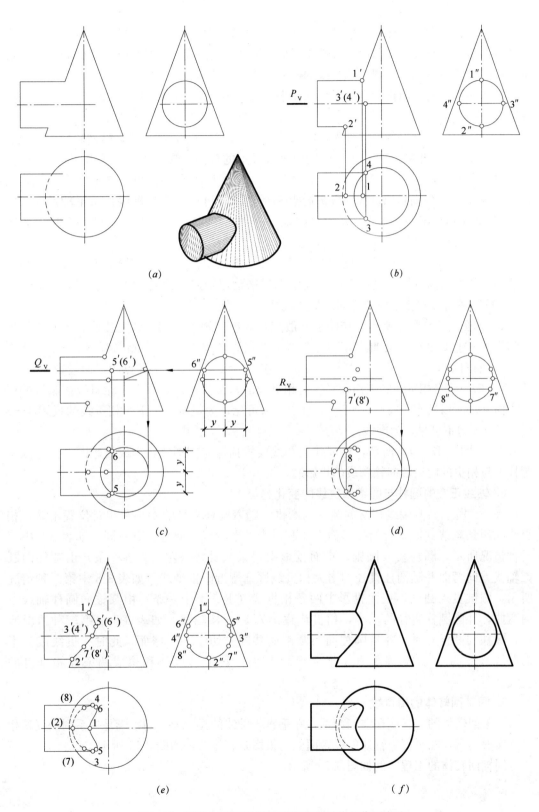

图 3-18　圆柱与圆锥轴线垂直相交相贯线的作图方法

交，圆柱的轴线垂直于侧立投影 W 面，圆锥的轴线垂直于水平投影 H 面，水平圆柱全贯于圆锥，相贯体有共同的前后对称面。因此，相贯线是一条封闭的前后对称的空间曲线。圆柱面的侧面投影积聚为圆，相贯线的侧面投影与其重合。

已知相贯线的侧面投影，可采用辅助平面法求出其水平投影和正面投影。辅助平面选择垂直于圆锥轴线的水平面，它们与两曲面的交线及其投影为圆或直线。

2）如图 3-18（b）所示，首先作图求特殊点：圆柱与圆锥正面投影转向轮廓线的交点 I（1，1′，1″）、II（2，2′，2″）分别为相贯线上的最高、最低点，交点 II（2，2′，2″）同时也是最左点，I（1，1′，1″）、II（2，2′，2″）均可直接作出。点 III（3，3′，3″）、IV（4，4′，4″）分别是相贯线上的最前点和最后点，可通过圆柱轴线作水平辅助面 P_V，P_V 与圆锥面相交于一个水平纬圆，P_V 与圆柱面的交线就是圆柱对 H 面的前后转向轮廓线，它们的交点就是 III（3，3′，3″）、IV（4，4′，4″）。

3）如图 3-18（c）所示，最右点 V（5，5′，5″）、VI（6，6′，6″），可通过圆柱与圆锥两轴线的交点向圆锥素线作垂线，利用垂足来确定辅助平面 Q_V 的位置。其中 5，6 由 5″、6″根据平面图和侧立面图之间的投影规律——宽相等求出。

4）如图 3-18（d）所示，作图求一般点：为准确地求出相贯线的投影，可在 3′、2′之间作水平辅助面 R_V，由此可确定相贯线上的点 VII（7，7′，7″）、VIII（8，8′，8″）。

5）如图 3-18（e）所示，判别可见性并连线。依次光滑连接各点的正面投影 1′、5′、3′、7′、2′，即得相贯线的正面投影。对相贯线的水平投影而言，上半相贯线在圆柱的可见表面上，所以其水平投影 3—5—1—6—4 为可见，为粗实线，下半相贯线的投影 4—8—2—7—3 为不可见，为虚线。

6）如图 3-18（f）所示，整理并按图线要求描深底图图线，完成投影图（注意画全圆柱参与相贯的前后转向轮廓线的投影）。

6. 轴线正交的圆柱与圆锥相贯线的变化趋势

表 3-8 所示为两轴线相交的圆柱与圆锥，随着圆柱直径的大小和相对位置不同，相贯线在两条轴线共同平行的投影面上，其投影的形状或弯曲也会有不同。如表 3-8 中第一种情况所示，圆柱贯入圆锥，正面投影中两条相贯线（左、右各一条）由圆柱向圆锥轴线方向弯曲并随圆柱直径的增大相贯线逐渐弯近圆锥轴线。如表 3-8 中第二种情况所示，圆锥贯入圆柱，正面投影中两条相贯线（上、下个一条）由圆锥向圆柱轴线方向弯曲，并随圆柱直径的减小，相贯线逐渐弯近圆柱轴线。如表 3-8 中第三种情况所示，圆柱与圆锥互贯，并且圆柱面与圆锥面共同外切于一个球面，此时相贯线成为平面曲线（椭圆），此椭圆垂直于正立投影 V 面，其 V 面投影积聚成两条互相垂直的直线。

7. 同轴回转体的相贯线

同轴回转体的相贯线在空间为圆，在垂直于轴线的投影面上的投影是一系列的反映相贯线实形的圆，在平行于轴线的投影面上的投影是直线段，如图 3-19 所示。

同轴回转体的工程实例如图 3-20 所示。

贯穿情况	圆柱贯入圆锥	圆锥贯入圆柱	圆柱与圆锥互贯,并且圆柱面与圆锥面共同外切于一个球面
直观图			
三面投影图			球
相贯线 趋势分析	圆柱贯入圆锥,正立面图中两条相贯线(左、右各一条)由圆柱向圆锥轴线方向弯曲,并随圆柱直径的增大,相贯线逐渐弯近圆锥轴线	圆锥贯入圆柱,正立面图中两条线(上、下各一条)由圆锥向圆柱轴线方向弯曲,并随圆柱直径减小,相贯线逐渐弯近圆柱轴线	圆柱与圆锥互贯,并且圆柱面与圆锥面共同外切于一个球面,此时相贯线成为平面曲线(椭圆),此椭圆垂直于v面,其v面投影积聚成两条直线

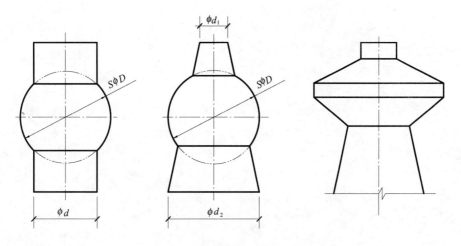

图 3-19 同轴回转体相贯线的投影

(a)   (b)

图 3-20　同轴回转体的工程应用实例

（a）上海现代建筑；（b）伊斯兰建筑

第4章 轴 测 图

近年来，轴测图凭借自身对工程表达的特殊地位和其优秀的表现力，在国外越来越为建筑表现所偏爱，已成为国外建筑师们首选的表达设计意图、设计理念的工具，国外对轴测图的研究已进入了很高层次。手工绘制和计算机绘制齐头并进，除了常规的正等测、斜轴测图以外，分解轴测图、组装轴测图、多视点轴测图、混合轴测图等等，也都一展风采。

4.1 关 于 轴 测 图

4.1.1 建筑轴测图的经历和意义

建筑绘画与建筑一样在全世界有着悠久的历史。中国古代建筑的绘画成绩斐然，无论是在春秋战国时期还是在敦煌莫高窟的壁画中都可以见到栩栩如生的建筑绘画。到北宋时期建筑绘画有了新的进展，最有代表性的是北宋李诚编著的《营造法式》，通过该书的500多幅图，人们可以清楚地看到北宋时期《营造法式》的作者已经掌握了平面图、轴测

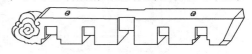

图4-1　正身科五彩耍头

图、透视图的绘图技巧，作品的立体感十分逼真，如图4-1所示。

就轴测图而言，中国古代一度成为工程绘画界占统治地位的表现形式。有资料记载，日本当时的工程绘画是以学习中国为主，他们的三维图形也是以轴测图为主导。

西方社会在轴测图方面同样有着辉煌的成绩，从莱奥纳多·达·芬奇遗留下来的许多珍贵的草图看，他似乎更喜欢用平行投影绘制轴测图。

虽然人类对轴测图的绘制历史久远，但在18世纪之前，轴测图仍然处于缄默知识状态，对轴测图的形成往往是知其然，而不知其所以然。所以，人们普遍认为18世纪末期法国数学家加斯帕·蒙日（Gaspard Monge）的画法几何学为工程图，包括轴测图的形成原理画上一个圆满的句号。因此，在画法几何学创建之后，工程图以显性知识的性质，以更快、更有效的方式在全世界广泛传播。20世纪以来，建筑绘画在建筑学课程体系中已占有相当重要的地位，轴测图已成为建筑绘画的重要组成部分。各种风格的轴测图表现形式，为建筑设计注入了新的活力。在建筑轴测图的开发和利用方面，最具代表性的国家是美国和日本，他们的一些精制轴测图作品除了提供空间立体信息功能以外，其本身已成为身价不凡的艺术品。这些，我们可以通过近年来翻译出版的有关著作及作品清楚地了解到。可以断言，21世纪轴测图在中国的研究、开发和利用也一定会上升一个新的高度。

4.1.2 轴测图与中国古代透视的渊源

让我们来看这幅《清明上河图》片段，如图 4-2 所示。由此使我们想到北宋张择端的这幅巨作是为民情风俗而画，但画中的建筑都形神兼备，尽善尽美。此画的纳入，主要想说明一个问题：那就是中国古代的透视不属于西方 15 世纪文艺复兴时期那种有严密的投影概念的画法，从 8 世纪敦煌古代建筑绘画作品中就可以见到这种纯熟而富有民族特色的散点透视图。尤其是画面中流动的人物并没有停留在近大远小的一瞬间，能流动的东西一

图 4-2　《清明上河图》片段

图 4-3　盛唐第 445 窟 "拆屋图"

直在流动，画面冲破了西方写真透视的静止感，参见图 4-3。参差错落、方向各异的建筑物的透视处理若按现代西方透视理论衡量，可以说是近乎荒诞的，但又不能说其为非透视和无透视，此处引入这两个图的中心意思是想说明中国古代这种灭点在很远处的散点透视似乎介于轴测投影图和透视图之间，它虽然没有自成一家的理论体系，但它具有自己的逻辑。说明中国古代的建筑绘画重在达意，而西方的科学透视重在写真。写真者对景写生，力求眼手一致；达意者却以景入心，以意出之。所以，中国建筑绘画尤其对其建筑群落的表达往往不固定视点，而是在前后左右全面观察，然后再重新组合，创造出一个新的境界。以上从一个侧面的论述，是为建筑轴测图的发生发展寻求历史和民族文化的渊源。

4.1.3 建筑绘画与轴测图

建筑绘画吸取了建筑工程制图的相关方法，突出形象的准确性和真实感。它与其他的绘画作品比较，虽然有一定程度的共性，但个性也是非常鲜明的。建筑绘画应该符合客观现实及工程建成后的实际效果，因此建筑绘画不能有主观随意性，建筑绘画作为一种表现技法应具备严谨、科学、创新和艺术的统一。而建筑绘画中最符合上述观点的，恰是轴测图。尤其是发展到今天的轴测图已具有美术绘画和工程技术绘画共同的属性（它是一种介于绘画与工程图样之间，建筑师所特有的表达语言）；轴测图堪称人类工程绘画中三维视图的根基，它无论从视觉感受还是从绘图技法方面都与人的本能反应十分贴切。平行投影法的特性，使物体上互相平行的线，在轴测图上继续平行，物体上等长的轮廓线在轴测图

上也继续等长。这虽然不符合近大远小的视觉反映，但却符合工程需要，符合实际。因此，在仿造和设计建筑物、建筑构件及家具过程中常先用徒手画轴测草图，初步确定物体的形状和构造，以便进行选择、比较、计算，有时还可以直接利用轴测图作为制造依据，因为它具有非常好的度量性。

　　轴测图与透视图比较而言，轴测图能最大限度地满足工程绘画实用性的需求，有利于对空间概念的建立和对空间形式的规划。因此，在工程技术书刊、辞典中得到广泛应用，尤其是各种版本的立体几何和制图教科书，几乎百分之百地采用轴测图作为基本几何体和房屋组成部分、名称讲解的插图，如图 4-4 所示。

　　这种插图的普遍性，极有力地说明轴测图在投影的真实性方面不可取代的位置，它有一种见图如见物的感觉，你面前的轴测图仿佛就是一个小模型，而不像是面对透视图就像面对摄影作品一样。对此，早在 1564 年，西方就有人对文艺复兴时期的中心投影和平行投影作过比较，并指出中心投影的不足之处，即："引入透视将损失平面中的很多内容，而这些作品的完整性就在其平面和边界中"。

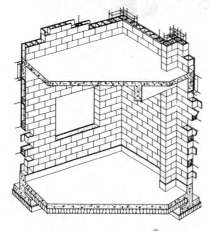

图 4-4　建筑结构轴测图

图 4-5　街景透视图

　　图 4-5 作为透视图，体现了较长的商业建筑街景，满足了人的视觉感受。而在这个透视空间里，房屋随着与观察者距离的不断加大，变得越来越收缩，轮廓与轮廓之间的紧张气氛使人难以分清各自独立的形体，即便直觉和知觉并没有认为房屋发生了畸变，但无论如何这幅图都无法清晰表现出街道旁建筑物的格局。图 4-6 作为轴测图，体现了很长的居住区街景，同样能满足人的视觉感受又能体现出建筑物的规划格局。总之，平行投影注定了轴测图最适合于描绘结构原理，感觉空间形式的使命。透视图以满足人的视觉反映为前提，突出景物的深度、广度和组合，顾及不到工程形体的真实性，它使建筑物上本来平行的线不再平行，互相等长的轮廓也不再等长，它作为效果图的作用是不言而喻的。就建筑业而言，

图 4-6　测轴测图居住区街景

轴测图除可作为效果图之外，还可更好地帮助建筑师、设计师与客户进行沟通，有效地将设计意图传达给客户和施工人员。如图 4-7 所示，以若干不同高度及大小为主体的长方体轴测图，组成和表达了城市规划意向。

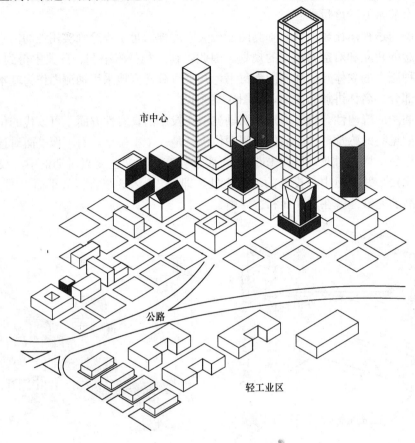

图 4-7　以长方体（轴测图）为基调的城市规划效果图

4.1.4　徒手绘轴测图

"徒手草图将永远是设计工作者的起点"——这是设计界的共识，同时说明徒手技能的重要意义。

1. 徒手草图的绘制方法和要求

（1）需要 2H、2B 铅笔各一支，2H 画底稿，2B 加深。

（2）握笔时手离笔尖约 40mm 左右，手腕接近或依靠在纸面；一般以手腕运笔，画较大图或画长线时手臂也要运动。尤其画较长直线时，眼睛要注意终点或其他参考点。

（3）两点之间应力争一笔连成，无论是直线还是弧线，最好不用短线多次相接而成。

（4）画直线或弧线时，要善于发现已知的与此平行的直线或平行的弧线，并以此为平行基准画出新的线条。在图纸上画第一条水平、铅垂线时一般参考图纸边框线或图纸边缘为平行基准。

（5）徒手绘制轴测图时，尽量减少对橡皮的依赖，注意绘图的方向与次序：从前向后，从左向右，从上向下。

（6）徒手轴测草图的绘制，把握方向感非常重要，其次是细节的描绘。所以，要熟悉不同种类的轴测图 X、Y、Z，也就是长宽高的不同角度关系。

（7）注意将徒手草图融汇到二维或三维 CAD 过程中。因为计算机绘图与各种相关软件、硬件的研发都在努力适应人的思维，适应草图方式的绘图与造型。概念设计已走进 CAD，这就要求我们尽快改变用铅笔、钢笔传统的徒手草图习惯，使之与现有计算机绘图与计算机造型思维具有一致性，以便让草图能迅速地在计算机屏幕上表达想象的成果，能方便造型设计，且能付诸实际制造。

图 4-8　徒手轴测效果

（8）徒手草图既然是工程图的前身，同样是严谨的。不能因徒手草图方便、快捷而改变工程图的基本要求。

2. 徒手轴测图的实践

图 4-8 为本书作者徒手绘制的轴测效果图。它既没有脱离轴测图的平行投影法则，又不觉得远离时空与自然；它既有轴测图的属性，又传递一点美术画的风情。这就是轴测草图的魅力。

4.2　轴测投影的概念

轴测投影是将物体及所附坐标轴，沿不平行于物体任一坐标面的投影方向，将物体和确定物体的直角坐标系，用平行投影法投影到选定的投影面上，这种投影方法称为轴测投影法，如图 4-9 长方体的轴测投影所示。

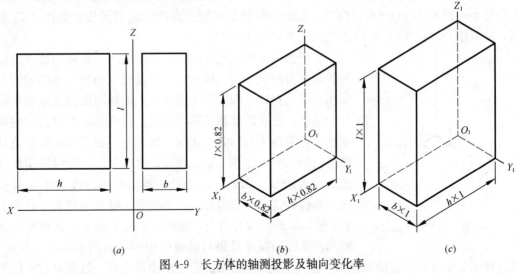

(a)　　　　　　　　　　(b)　　　　　　　　　　(c)

图 4-9　长方体的轴测投影及轴向变化率

(a) 已知；(b) 标准轴向变化率；(c) 简化轴向变化率

4.2.1 轴测投影的形成

轴测投影图是一个单面投影，它在每一个投影上同时反映出物体的三个坐标和物体三个方向的轮廓形状，富有立体感，所以在制造机器、建造房屋及构件时，常常徒手画轴测草图，把物体的形状和构造初步设计出来，以便不断推敲、比较和修改，作为正规施工图的绘制依据。随着三维绘制手段和效果的提升，轴测图直接用来指导生产将变为现实。

如图 4-10（a）、（b）、（c）表示了正等测轴测投影图的形成过程，而图（c）中的 V 面投影已是正等测轴测图。

轴测图投影不容忽视的两个主要问题是：轴间角和轴向变化率问题。

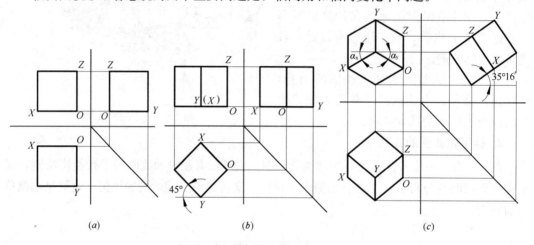

图 4-10　正等测轴测图的形成过程

（a）正方体的三面投影；（b）在水平方向旋转 45°；（c）向上旋转 35°16′

4.2.2 轴间角和轴向变化率

根据以上对轴测投影基本特性的分析，我们可用抽象的三维空间的直角坐标系（习惯上称原坐标轴系，OX；OY；OZ），表示几何体长、宽、高的方向与尺度，如图 4-11 所示，轴测轴 O_1X_1；O_1Y_1；O_1Z_1 之间的夹角称为轴间角。

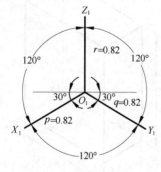

图 4-11　正等测坐标轴

若严格遵守轴向变化率，所作出的图与相应的物体的轴测投影所得的大小是一样的，这是符合轴向变化率的轴测投影图。可是在设计和生产实践中，一般轴测图只要求绘出物体的形状，形状的准确是第一位的，没有必要严格遵守轴向变化率，若追求与轴向变化率一致的轴测投影图，按理论计算所得的轴向变化率，是无理数，这样就给作图时确定尺寸造成较大困难。因此，可选择一组简化轴向变化率进行作图。在这种情况下作出的图，必然沿三维方向放大了一个系数 t 倍，但形状没有改变，如图 4-9（c）所示。这种简化的轴测投影图的视觉效果与准确的轴测投影图基本是一样的，并且作图简单方便。正轴测投影，轴向变化率小于 1。为了使图形直观、效果好，实际绘图时一般选用等于 1 的轴向变化率。

4.3 正等测轴测图

如图 4-10（a）、（b）、（c）表示了正等测轴测投影图的形成过程，先将正方体在水平方向旋转 45°，再将立方体向上或向下旋转 35°16′，此时的 V 面、H 面上的投影已出现明显的三维特征，同时看到了立方体的三个方向的侧表面和能够代表立方体三个方向的坐标轴所得到的轴倾角 $\alpha_x = \alpha_y = 30$°；轴间角均为 120°；轴向变化率均为，如 $P = q = r = 0.82$，如图 4-11 所示。

4.3.1 长方体的正等测投影图

为简化和方便，这里一律采用 $p : q : r : = 1 : 1 : 1$ 的轴向变化率。下面介绍以长方体为毛坯深入"加工"正等测的几个例子：

【例 4-1】 以长方体为毛坯的台阶的正等测轴测图，如图 4-12 所示。

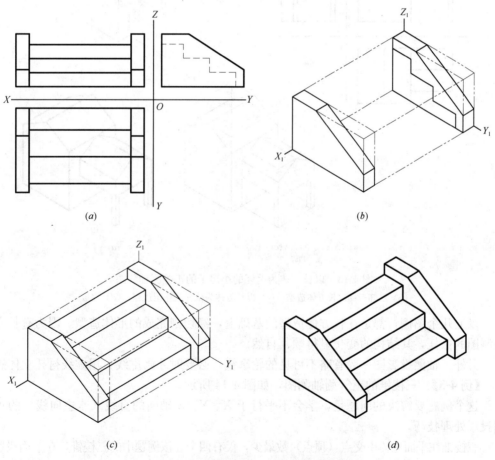

图 4-12 以长方体为毛坯的台阶的正等测轴测图
（a）已知；（b）以长方体为依托的作图过程之一；
（c）以长方体为依托的作图过程之二；（d）完成

51

通过图 4-12（a），分析三个二维投影图长、宽、高（X、Y、Z）的轴向关系，为画轴测图打下基础。

如图 4-12（b）所示，确定台阶所属的长方体（毛坯）最大轮廓，根据图 4-12（a）提供的已知条件，定位并画出左右两块挡板。这里比较关键的问题是，在右侧的挡板里侧画出台阶与该挡板的交线的轴测图，这为简捷的完成台阶的整个轴测图起到关键作用。

最后一步，检查、加深，如图 4-12（d）所示。

【例 4-2】 以长方体为毛坯的小房子的正等测轴测图，如图 4-13 所示。

作图过程请参考［例 4-1］台阶的正等测轴测图，此图关键一步是完成图 4-13（b）长方体毛坯的造型。

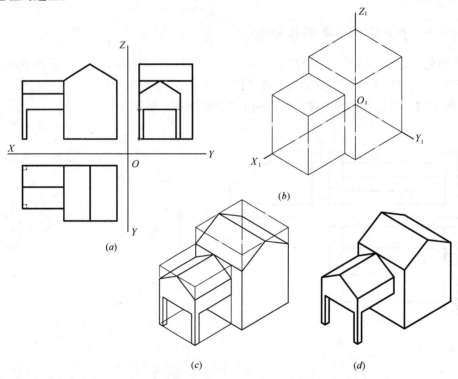

图 4-13 以长方体为毛坯的小房子的正等测轴测图
（a）已知；（b）长方体造型；（c）以长方体为依托的作图过程；（d）完成

以上几个图例，都是在长方体造型的基础上，经切割完成的形体造型。因为有长方体轴测图的依托，其结构的变化显得顺其自然。

另外：轴测投影图一般省略不可见的轮廓线，必要时才画虚线，用虚线衬托立体感。

【例 4-3】 三棱锥的正等测轴测图，如图 4-14 所示。

这个例题要解决的问题是，学会不平行于 X、Y、Z 轴向的直线（非主向线）的正等测投影处理技巧。

三棱锥在平面立体中交点（顶点）数最少，仅有四个。该例题中的三棱锥，在三面投影体系中的位置只有一条轮廓线平行于坐标轴，如图 4-14（a）所示，BC 平行于 OX 轴。这样的物体画轴测图时，应注重解决轮廓线端点的轴测投影，如组成三棱锥底面轮廓的三个点的轴测画法：如图 4-14（b）所示，首先确定平行于 OX 轴的 B_1、C_1 点，而且可以在 OY 轴上确定出

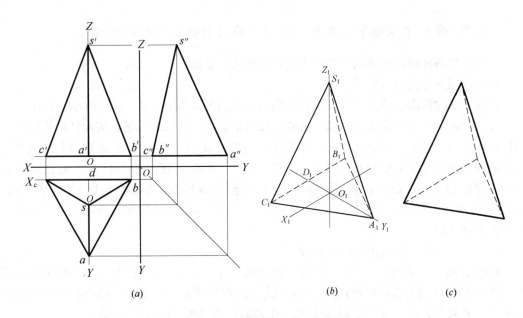

图 4-14　三棱锥的正等测轴测图

(a) 已知；(b) 轴测图作图过程；(c) 完成

Od、Oa，这样就可以确定底面上三个顶点 A_1、B_1、C_1 的轴测位置。接下来，过 O_1 做垂线截取 1:1 的高度，确定顶点 S，在连接四个点的轴测投影时，一定注意不可见的轮廓线画虚线，这样的轴测投影有必要画虚线，否则，会严重影响立体感，如图 4-14 (c) 所示。

【例 4-4】　正等测轴测图改变观察方向或表达不同部位的处理，如图 4-15 所示。

该例题中，图 4-15 (b) 属于常态的轴测图表达方向，从上往下观看；而图 4-15 (c) 是观察物体的下底，要表达出物体底部的结构形状，观察方向与前者相反。这时，应首先确定好轴向的变化，图 4-15 (b) 中的 X_1、Y_1 轴向与图 4-15 (c) 中的 X_1、Y_1 轴向相反，因为表达物体长度的 X 轴向不能改变。

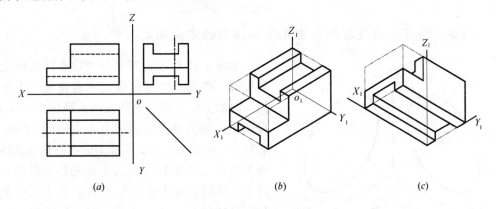

图 4-15　正等测轴测图观察方向的变化

(a) 已知；(b) 正等测投影；(c) 正等测投影（表达下底）

[例 4-4]说明，使用轴测图表达的结构形状，一定要考虑好要表达的重点部位，使轴测图所传递的立体信息准确、清楚、全面、一目了然。

4.3.2　平行于坐标平面或属于坐标平面的圆的正等测轴测投影

下面介绍两种圆的正等测轴测投影的近似画法，如图 4-16 所示。

（1）外切菱形法近似椭圆

这种方法也称四心偏圆法。先画出圆的外切正方形，如图 4-16（a）所示；如图 4-16（b）所示，画出 3 个正等测轴测轴，画椭圆长轴 a_1、c_1，所谓画长轴，实际是画长轴所在的位置，因为此时还不知道长轴的具体长度，短轴已在 O_1O_2 轴上，在此基础上画出正测圆的外切正方形的轴测投影（菱形）a_1、b_1、c_1、d_1，在 b_1 处获得圆心 O_1，d_1 处获得圆心 O_2，再连接 O_1、h_1，O_1、g_1 获得圆心 O_3、O_4，分别以 O_1、O_2 为圆心画上、下两大圆弧，以 O_3、O_4 为圆心画出左右的小圆弧。这种画出菱形后再画椭圆的作法，对徒手画椭圆的草图也十分有利。

（2）同心圆画法近似正等测圆的投影

如图 4-16（c）所示，先画出正等测的轴测轴，以 O 为圆心画出与已知条件中直径相等的圆，得到 O_1 和 O_2，；再连接 O_1、h_1，O_1、g_1 获得圆心 O_3、O_4，分别以 O_1、O_2 为圆心画上、下两大圆弧，以 O_3、O_4 为圆心画出左右的小圆弧，完成近似椭圆。

以上两种方法，在作图过程中都要注意圆弧对接的准确度，对接点均为 c_1、f_1、g_1、h_1。

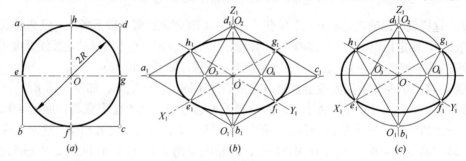

图 4-16　圆的正等测近似画法

（a）已知；（b）画法一；（c）画法二

4.3.3　圆在三面投影体系中正等测投影的方向确定

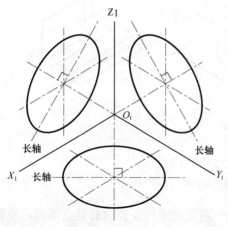

图 4-17　圆在三面投影体系中的正等测投影

如图 4-17 所示，圆在三面投影体系中正等测投影（椭圆）的方向确定非常重要，决定它们方向的主要元素是椭圆长轴，规律告诉我们，H 面上的椭圆是表达轴线为 Z 方向的正圆柱上底和下底的轴测投影；V 面上的椭圆是表达轴线为 Y 方向的正圆柱上底和下底的轴测投影；W 面上的椭圆是表达轴线为 X 方向的正圆柱上底和下底的轴测投影，这样一来，为圆在三个方向的轴测投影（椭圆）的画法提供了规律和依据：若圆柱轴线平行于 Z 轴，则圆柱上下底的轴测投影（椭圆）的长轴就垂直于 Z 轴；若圆柱轴线平行于 Y 轴，则圆柱上下底的轴测投影

（椭圆）的长轴就垂直于 Y 轴；若圆柱轴线平行于 X 轴，则圆柱上下底的轴测投影（椭圆）的长轴就垂直于 X 轴。

掌握以上规律，有利于徒手绘图。

4.3.4 圆柱的正等测投影

如图 4-18（a）正圆柱的二维投影图所示，它的轴线为 OZ 方向，而 OX、OY 方向是平行于主向线的径向。

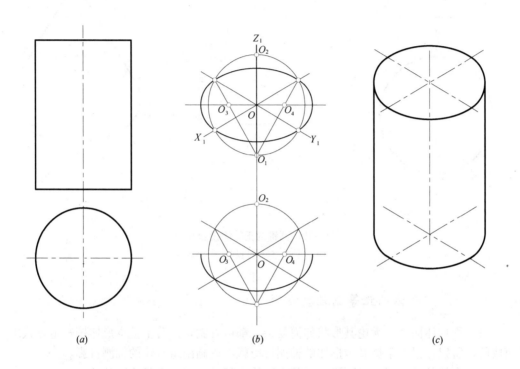

图 4-18 圆柱的正等测投影画法
（a）已知；（b）过程；（c）完成

正圆柱的各个纬圆的投影，都有是垂直于轴线的水平圆，它们的正等测投影为一系列椭圆，而这些椭圆的长轴均垂直于 Z 轴。这里只需要完整的上底轴测投影，而下底只需要画一半这椭圆轮廓即可。因正圆柱的素线是一系列平行于轴线的直线，所以只要先画出它们的上下底圆的轴测投影，然后作该两椭圆的公切线即可，如图 4-18（b）、（c）所示。

4.3.5 圆锥的正等测投影

如图 4-19（a）为正圆锥的二维投影图。作正圆锥的轴测投影的原理原则上与圆柱相同，但根据圆锥的特性可简化作图。在确定轴测轴之后，从 O_1 到顶点 S_1 为圆锥高度，过锥顶 S_1 作下底椭圆的切线即为它的轴测轮廓线，如图 4-19（b）、（c）所示。

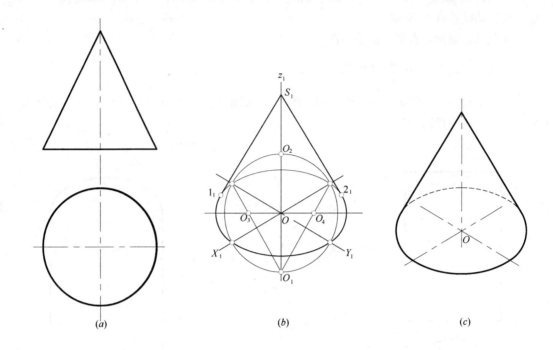

图 4-19　圆锥的正等测投影画法
(a) 已知；(b) 过程；(c) 完成

4.3.6　组合体的正等测轴测投影

对工程形体而言，无论其形状如何复杂，都可看做是由若干基本形体按一定方式组合而成的，所以，只要掌握基本形体的轴测投影就不难画出组合体的轴测投影。

画组合体的轴测投影时，确定各基本形体之间的位置关系是绘图的关键。

如图 4-20 (a) 为梁柱板节点，由方板、纵横梁和圆柱组成。作图过程中，重要的问题是确定各结构所在的高度位置，确定出层次 X_1、Y_1、Z_1；X_2、Y_2、Z_2；X_3、Y_3、Z_3，如图 4-20 (b) 所示。画出 $X_1O_1Y_1$ 层面的轴测图，在这个层面上完成方板下底面的正等测轴测投影，然后向上画出板的厚度，回到 $X_1O_1Y_1$ 坐标平面，画圆柱与方板相交的圆的轴测投影的椭圆；在 X_1O_1、Y_1O_1 轴向层面上确定纵横梁所在的位置，在 O_1Z_1 方向，向下确定梁的高度尺寸；在 $X_3O_3Y_3$ 层面上画椭圆，求出梁与圆柱的交线的轴测投影。检查无误后加深，完成梁柱板节点轴测投影，如图 4-20 (c) 所示。

4.3.7　正等测圆角的画法 (1/4 圆弧)

在矩形板直角处所形成的 1/4 圆弧就相当于将一个圆分成 4 等分，如图 4-21 (a) 二维投影图所示，水平面投影中有四个标注 R 的 1/4 圆弧。图 4-21 (b) 在双点画线的衬托下，凸显出矩形板的轴测投影，矩形板的四个直角在轴测投影中变成两个 60° 和两个 120° 的角，此时一个完整圆的正等测轴测投影已被分解为四个部分，120° 处画大弧线，圆弧的圆心均是在 R 长的边界处做垂线获得。60° 处画小弧线，圆弧的圆心同样是在 R 长的边界

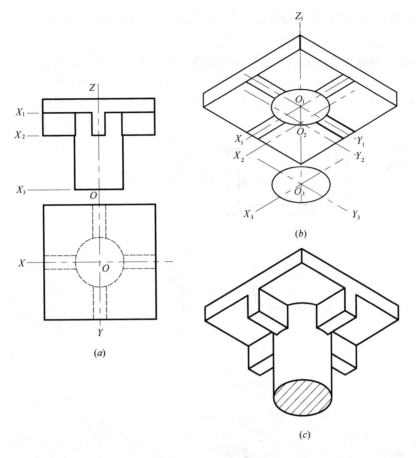

图 4-20　组合体的正等测轴测投影

(a) 已知；(b) 过程；(c) 完成

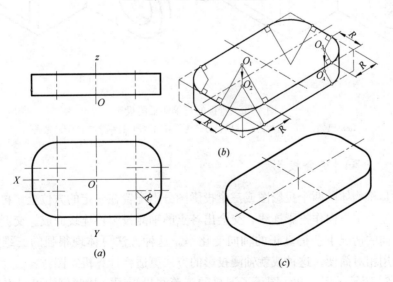

图 4-21　底板上圆弧的正等测轴测投影

(a) 已知；(b) 过程；(c) 完成

处做垂线获得。做矩形板圆角轴测投影的关键问题是处理好板的下底 60°角处一小段圆弧的画法。

【例 4-5】 带圆角和圆弧的弯板的正等测投影的画法，如图 4-22 所示。

图 4-22 (*a*)、(*b*)、(*c*)、(*d*) 详细图示了弯板的正等测投影的作图过程。此图综合了长方体轴测投影和圆柱、圆角轴测投影的画法规则，并加入适当的润饰技法，三维效果明显。

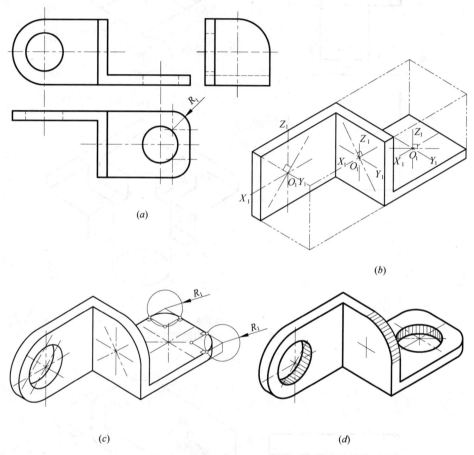

图 4-22　弯板的正等测轴测投影
(*a*) 已知；(*b*) 过程之一（以长方体为依托）；(*c*) 过程之二；(*d*) 完成

4.3.8　正等测交会投影

交会法是将物体的两个投影图或三个投影图分别配置在一定的方位上，再将各投影图上的对应点沿一定方向作投影连线，交会出各点的轴测投影再连线而成。交会法可在任意选定投影方向的情况下获得真正的轴向变化率。这种方法可体现很强的三维空间的立体感，而且作用相对简便。这种成就轴测投影的方法更适合计算机绘图。

如图 4-23 所示，用交会法图示了课桌的正等测投影图，从此例题可以看出正等测的交会作图非常方便，主要是 30°和 45°两个角度要准确，两个二维图的相对位置适度即可。一副三角板配合使用。

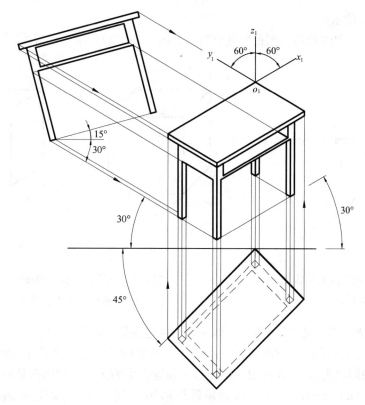

图 4-23　课桌的正等测交会画法

4.4　斜　轴　测　投　影

斜轴测投影是一种非常方便的具有较好立体感的轴测投影，各种斜轴测投影在计算机绘图（CG）领域里变得更加快捷、高效。斜轴测投影更适合于小区和建筑群落的规划。因此，它作为优秀的三维语言之一，在建筑设计和广告设计过程中扮演着相当重要的角色。

斜轴测投影与正轴测投影的主要区别是投影法，前者用斜投影法，后者用正投影法。当轴测投影面平行于正立坐标面时，称为正面斜轴测投影。当轴测投影面平行于水平坐标面时，称为水平斜轴测投影。斜轴测投影还可以按轴向变化率分为三类，三个轴向变化率相等时称为正面斜等轴测投影，简称斜等测；只有两个轴向变化率相等时，称为正面斜二等轴测投影，简称斜二测；三个轴向变化率不相等时，称为一般斜轴测投影，简称斜三测。

通过本节的学习和实践，相信一定会对斜轴测投影有一个全新的了解和认识，也一定会在今后的设计工作中发挥作用。

4.4.1　斜二测的轴间角和轴向变化率

正面斜二测是有两个轴向变形系数相等的斜轴测投影，简称斜二测。其轴间角与轴向变化率的种类较多，常用的三种 Y_1 轴倾斜角为 30°、45°、60°，变形系数为 $p=r=1$；$q=$

1/2；如图 4-24 所示。

【例 4-6】 正方体的斜二测投影及分析，如图 4-25（a）、（b）所示。

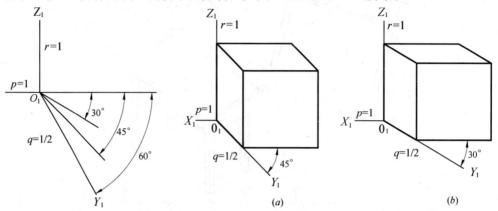

图 4-24 斜二测坐标轴
和轴向变化率

图 4-25 正方体的斜二测投影
（a）$Y_1$45°画法；（b）$Y_1$30°画法

显然，组成正方体的 12 条边边长均相等，可是在斜二测投影中它们在 Y 方向的边均画 1/2 长，平行 V 面的边长和形状均不改变，并省略用虚线表示的不可见轮廓线。

选取 Y_1 轴倾斜角为 45°作图方便，但这个角度作出的图上底和侧面是一样的，略显呆板，如图 4-25（a）所示；若选择 Y_1 轴倾斜角为 30°，则物体的上底比左侧面窄一些，但看上去显得自然，如图 4-25（b）所示。

但是在教学和实践中，我们主要考虑绘图方便，同时也有较好的立体感，所以选择 O_1Y_1 轴倾斜角为 45°的仍占主导。

无论是正等测轴测图还是斜二测轴测图，都要根据立体的表现，选择最佳观察方向。如图 4-26 所示，四个不同方向的 O_1Y_1 轴测轴所产生的不同效果的斜二测投影。

【例 4-7】 完成台阶的斜二测轴测投影，如图 4-27 所示。

图 4-27（a）、（b）已清楚传达了台阶斜二测投影的作图过程，要强调的是一定首先在 $X_1O_1Z_1$ 所在面 1：1 画出挡板真形；画出挡板与台阶交线的真形，它们同样是台阶斜二测投影的一部分，而且是重要的部分，如图 4-27（b）所示。接下来按箭头指引方向完成挡板和台阶其余部分的斜二测投影，注意 Y 方向截取 1/2 长，如图 4-27（c）所示。

【例 4-8】 完成类似旗帜形状的标志物的斜二测轴测投影，如图 4-28 所示。

因为此图类似旗帜形状部分有非圆曲线，依据矩形将这段曲线分成 10 等分 11 个点，有利于准确绘制斜二测投影图。

这个例题同时说明，将非圆曲线的轮廓纳入 OX、OZ 轴所决定的 V 投影面，使斜二测图绘图简便，因为图形轮廓从二维进入三维没有发生改变。这是针对曲面轮廓选择斜二测投影的优势。

【例 4-9】 完成拱形板的斜二测轴测投影，如图 4-29 所示。

此题重点强调图 4-29（b）所示 Y_1 方向切线的必要性，这段切线的长度等于拱形板斜二测投影的厚度（Y_1 方向截取 1/2 长）。忽视 Y_1 方向切线，易将类似半圆柱的斜二测投影画成图 4-29（d）的样子。

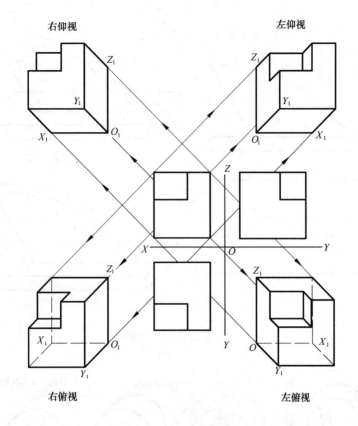

右仰视　　　　　　　　　左仰视

右俯视　　　　　　　　　左俯视

图 4-26　正方体类斜二测投影的四种表现形式

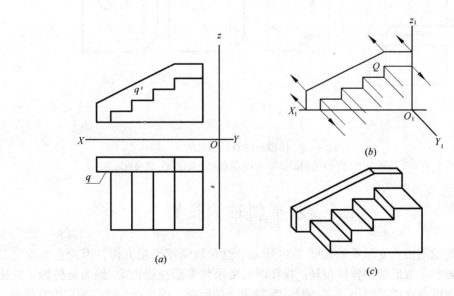

图 4-27　台阶的斜二测画法
(a) 已知；(b) 作图过程；(c) 完成

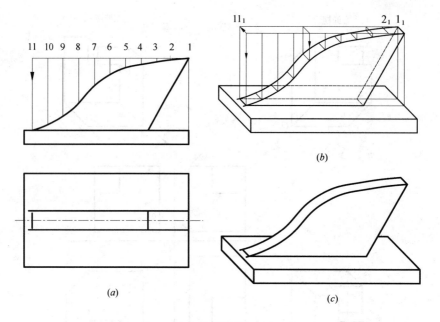

图 4-28　标志物的斜二测画法
(a) 已知；(b) 作图过程；(c) 完成

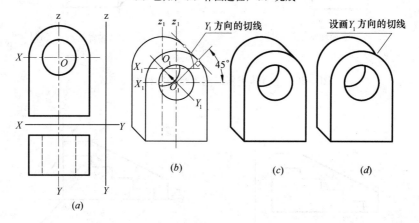

图 4-29　拱形板的斜二测画法
(a) 已知；(b) 作 Y_1 方向的切线；(c) 正确的结果；(d) 错误的结果

4.5　水平斜轴测投影

　　水平斜等轴测轴及变形系数如图 4-30 所示，这种轴测图绘制方便，因为它不改变二维水平面投影的轮廓形状和整体布局。操作时只要求将平面投影以 Z_1 轴为旋转轴，旋转一个合适的角度，这样就解决了 Z_1 轴与 Y_1 轴重合的问题，而且产生较强的三维立体感。

　　水平斜等测投影，是使物体的参考坐标系，水平坐标面 XOY 平行于 O_1X_1、O_1Y_1 轴测轴，在该轴测投影体系中所得到的轴测图称为水平斜等轴测图，如图 4-31 所示。其中轴测轴 O_1X_1 与 O_1Y_1 互相垂直，并且轴向变化率均为 $1:1$。X 轴所旋转角度可根据需要在 $30°$、$45°$、$60°$ 度之间选择。

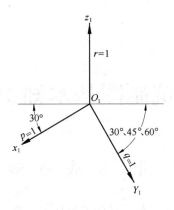

图 4-30　水平斜等轴测轴及变形系数

水平斜轴测图，对于徒手绘图和 CAD 都非常方便自如。

图 4-31（*c*）水平斜等轴测投影图有效地表达了小区规划的意向。

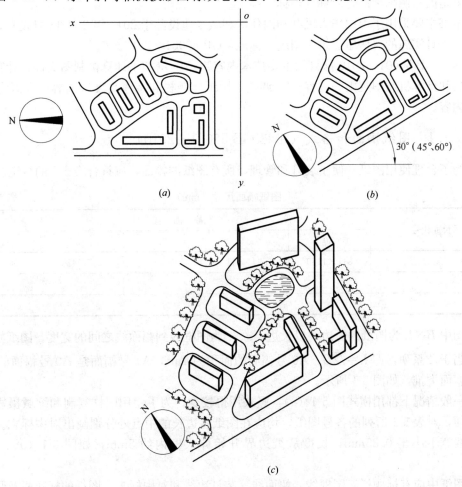

图 4-31　小区的水平斜轴测投影

（*a*）已知；（*b*）作图过程（旋转 30°）；（*c*）完成

第5章 建筑制图基本知识与基本规定

5.1 制图基本规定

土建工程图是表达土木建筑工程设计的重要技术资料，是施工的依据。为了便于技术交流，提高制图效率，满足设计、施工、管理等方面的要求，对于图样的画法、图线的线型、线宽和应用、图中尺寸的标注、图例以及字体等，都必须有统一的规定。这个统一的规定就是国家制图标准，简称《国标》。

本书主要采用了由中华人民共和国住房和城乡建设部于 2010 年 8 月 18 日发布，2011 年 3 月 1 日实施的《房屋建筑制图统一标准》GB 50001—2010。

标准 GB 50001—2010 修订的主要技术内容是：1. 增加了计算机制图文件、计算机制图图层和计算机制图规则等内容；2. 调整了图纸标题栏和字体高度等内容；3. 增加了图线等内容。

5.1.1 图纸幅面和格式（根据 GB 50001—2010）

为了合理使用图纸，便于装订和管理，所有图纸的幅面，应符合表 5-1 的规定。

图纸幅面尺寸（mm） 表 5-1

尺寸代号	幅面代号				
	A0	A1	A2	A3	A4
$B×L$	841×1189	594×841	420×594	297×420	210×297
c	10			5	
a	25				

图中 $B×L$ 为图纸的短边乘以长边，a、c 为图框线到幅面线之间的宽度。图纸幅面尺寸相当于 $\sqrt{2}$ 系列，即 $L=\sqrt{2}B$。A0 号幅面的面积为 $1m^2$，A1 号幅面是 A0 号幅面的 $1/2$，其他幅面类推，如图 5-1 所示。

一般情况下都用横式图 5-1 (a)，竖式用得较少。为了使用图样复制和缩微摄影时定位方便，对表 5-1 所列的各号图纸，均应在图纸各边长的中点处分别画出对中标志。对中标志线宽不小于 0.35mm，长度从纸边界开始伸入框内约 5mm，如图 5-1 (a)、(b) 所示。

图纸中应有标题栏、图框线、幅面线、装订边线和对中标志。图纸的标题栏及装订边的位置，应符合下列规定：横式使用的图纸，应按图 5-1 (a) 的形式进行布置，立式使用的图纸，应按图 5-1 (b) 的形式进行布置。标题栏应按图 5-1 (c)、(d) 所示，根据工程的需要选择确定其尺寸、格式及分区，签字栏应包括实名列和签名列。

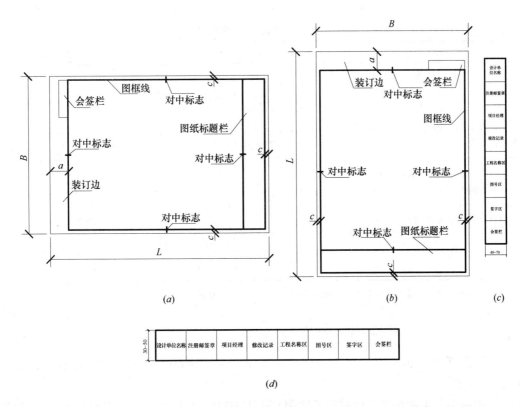

图 5-1　图纸幅面、格式及标题栏

(a) A0-A3 横式幅面；(b) A0-A4 立式幅面；(c) 标题栏 1；(d) 标题栏 2

图纸编排顺序：工程图纸应按专业顺序编排，应为图纸目录、总图、建筑图、结构图、给水排水图、暖通空调图、电气图等。各专业的图纸，应按图纸内容的主次关系、逻辑关系进行分类排序。

5.1.2　比例与图名（根据 GB 50001—2010）

工程制图中，图样中图形与实物相对应的线性尺寸之比，称为比例。比例应由阿拉伯数字来表示，比值为 1 的比例称原值比例，即 1:1。比值大于 1 的比例称放大比例，如 2:1 等。比值小于 1 的比例称缩小比例，如 1:2、1:10、1:100、1:500 等。习惯上所称比例的大小，是指比值的大小，例如 1:50 的比例比 1:100 的大。

比例书写在图名的右侧，字号应比图名号小一号或两号，图名下画一条横粗实线，其粗度应不粗于本图纸所画图形中的粗实线，同一张图纸上的这种横线粗度应一致。图名下横线长度，应以所写文字所占长短为准，不要任意画长；例如：

平面图 1:100

当一张图纸中的各图只用一种比例时，也可把该比例统一书写在图纸标题栏内。

绘图时，应根据图样的用途和被绘物体的复杂程度，优先选用表 5-2 中的常用比例。特殊情况下，允许选用"可用比例"。

65

图　　名	常用比例	必要时可用比例
总平面图	1：500，1：100 1：2000，1：5000	1：2500，1：10000
总图专业的竖向布置图、管线综合图、断面图等	1：100，1：200，1：500 1：1000，1：2000	1：300，1：5000
平面图、立面图、剖面图、结构布置图、设备布置图等	1：50，1：100，1：200	1：150，1：300，1：400
内容比较简单的平面图	1：200，1：400	1：500
详图	1：1，1：2，1：5，1：10 1：20，1：25，1：50	1：3，1：15，1：30 1：40，1：60

注：屋面平面图，工业建筑中的地面平面图等的内容，有时比较简单。

5.1.3　字体（根据 GB 50001—2010）

工程图纸上常用文字有汉字、阿拉伯数字、拉丁字母，有时也用罗马数字、希腊字母。

工程制图（不论是墨线图或铅笔线图）所需书写的汉字、数字、字母等，必须排列整齐、字体端正、笔画清晰、间隔均匀，不得潦草，以免错认而造成差错。

图样中的汉字，应采用国家公布的简化字，并应写长仿宋体。写仿宋体字时应注意它的笔画基本上是横平竖直，字体结构要匀称，并注意笔画的起落。长仿宋体的笔画粗度约为高的 1/20。

汉字、阿拉伯数字、拉丁字母、罗马数字等字体大小的号数（简称字号），都是字体的高度，文字的字高，应从表 5-3 中选用。字高大于 10mm 的文字宜采用 TRUETYPE 字体，如需书写更大的字，其高度应按 $\sqrt{2}$ 的倍数递增。

字体种类	中文矢量字体	TRUETYPE 字体及非中文矢量字体
字高	3.5、5、7、10、14、20	3、4、6、8、10、14、20

图样及说明中的汉字，宜采用长仿宋体（矢量字体）或黑体，同一图纸字体种类不应超过两种。如需书写大一号的字，其字高可按 $1：\sqrt{2}$ 来确定，并取言之毫米整数。汉字长仿宋体的某号字的宽度，即为小一号字的高度。汉字可以如下书写：

横平竖直　　　结构匀称　　　注意起落

排列整齐　字体端正　笔画清晰　间隔均匀

工程图样上书写的长仿宋体汉字，其高度应不小于 3.5mm。阿拉伯数字、拉丁字母、罗马数字等的高度应不小于 2.5mm。当阿拉伯数字、拉丁字母、罗马数字同汉字并列书写时，它们的字高比汉字的字高宜小一号或两号。当拉丁字母单独用作代号或符号时，不使用 I，O 及 Z 三个字母，以免同阿拉伯数字的 1，0 及 2 相混淆。

阿拉伯数字、拉丁字母及罗马数字的规格见表 5-4。

阿拉伯数字、拉丁字母、罗马数字的规格　　　　　　　　　　　表 5-4

		一般字体	窄字体
字母高	大写字母	h	h
	小写字母（上下均无延伸）	$(7/10)h$	$(10/14)h$
小写字母向上或向下延伸部分		$(3/10)h$	$(4/14)h$
笔画宽度		$(1/10)h$	$(1/14)h$
间隔	字母间	$(2/10)h$	$(2/14)h$
	上下行底线间最小间隔	$(14/10)h$	$(20/14)h$
	文字间最小间隔	$(6/10)h$	$(6/14)h$

注：1. 小写拉丁字母如 a，c，m，n……，上下均无延伸，而 j 则上下均有延伸。

2. 字母的间隔，倘在视觉上需要更好的效果时，可以减小一半，即和笔画的宽度相等。

阿拉伯数字、拉丁字母以及罗马数字都可以按需要写成直体或斜体，一般书写采用斜体较多。斜体的倾斜度应是对底线逆针转 75°角，其宽度和高度均与相应的直体相等，如图 5-2 所示。

斜体阿拉伯数字

斜体罗马数字

大小写斜体A型拉丁字母

图 5-2　斜体阿拉伯数字斜体罗马数字大小写斜体 A 型拉丁字母

5.1.4 图线（根据 GB 50001—2010）

在绘制土建工程图时，为了表示图中的不同内容，并且能够分清主次，必须使用不同的线型和不同宽度（即图线的粗细）的图线。

土建工程图图线的宽度 b，宜从 1.4、1.0、0.7、0.5、0.35、0.25、0.18、0.13mm 线宽系列中选取。当选定了粗线的宽度 b 后，中粗线及细线的宽度也随之确定而成为线宽组。图线宽度不应小于 0.1mm。绘图时每个图样，应根据复杂程度与比例大小，先选定基本线宽 b。

土建工程图的图线线型有实线、虚线、点画线、双点画线、折断线、波浪线等，随用途的不同而反映在图线的粗细关系上，见表 5-5。

图线的线型、线宽及用途　　　　　　　　　　表 5-5

线型名称	线型	线宽	一般用途
粗实线	———————	b	主要可见轮廓线 剖面图中被剖着部分的轮廓线、结构图中的钢筋线、建筑物或构筑物轮廓的外轮廓线、剖切位置线、地面线、详图符号的圆圈、新建的各种给水排水管道线、总平面图或运输图中的公路或铁路路线等
中实线	 ———————	$0.5b$	可见轮廓线 剖面图中未被剖着但仍能看到而需要画出的轮廓线、标注尺寸的尺寸起止短划、原有的各种给水排水管道或循环水管道线等
细实线	 ———————	$0.35b$	尺寸界线、尺寸线、索引符号的圆圈、引出线、图例线、标高符号线、重合断面的轮廓线、较小图形中的中心线、钢筋混凝土构件详图的构件轮廓线等
粗虚线	 － － － － －	b	新建的各种给水排水管道线、总平面图或运输图中的地下建筑物或地下构筑物等
中虚线	 － － － － －	$0.5b$	需要画出的看不到的轮廓线 建筑平面图中运输装置（例如桥式吊车）的外轮廓线、原有的给水排水管线、拟扩建的建筑工程轮廓线等
细虚线	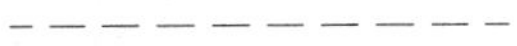 － － － － －	$0.35b$	不可见轮廓线、图例线等
粗点画线	 — · — · — ·	b	结构图中梁或构造的位置线、平面图中起重运输装置的轨道线、其他特殊构件的位置指示线等
细点画线	 — · — · — ·	$0.35b$	中心线、对称线、定位轴线等
粗双点画线	 — ·· — ·· —	b	预应力钢筋线等
细双点画线	 — ·· — ·· —	$0.35b$	假想轮廓线、成型以前的原始轮廓线
折断线	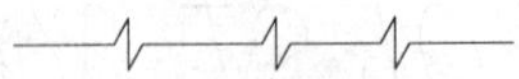 —∿—∿—	$0.35b$	不需要画全的断开界线
波浪线	 ∼∼∼∼	$0.35b$	不需要画全的断开界线、构造层次的断开界线
特粗线	━━━━	$1.4b$	需要画上更粗的实线，如建筑物或构筑物的地面线、路线工程图中的设计线路、剖切位置的线段等

图线线型和线宽的用途，各专业不同，应按专业制图的规定来选用。

建筑工程图中，对于表示不同内容和区别主次的图线，其线宽都互成一定比例，即粗线、中粗线、细线三种线宽之比为 $b:0.5b:0.35b$。同一图纸幅面中，采用相同比例绘制的各图，应选用相同的线宽组。绘制比较简单的图或比例较小的图，可以只用两种线宽，其线宽比为 $b:0.35b$。当选定了粗线的宽度 b 后，中粗线及细线的宽度也随之确定而成为线宽组（见表5-6）。

线宽组（mm）   表 5-6

粗　线	b	1.4	1.0	0.7	0.5	0.35
中粗	$0.5b$	0.7	0.5	0.35	0.25	0.18
细线	$0.35b$	0.5	0.35	0.25	0.18	

由线宽系列可看出，线宽之间的公比是 $\sqrt{2}$，它和图纸幅面的长边尺寸系列、短边尺寸系列以及字体的高度系列（连同汉字长仿宋体的字宽系列）都互相一致，且和国际标准统一，即它们的公比都是 $\sqrt{2}$，这样不仅简单、易记、使用方便，并且有益于国际、国内的统一与技术经济交流，又有利于图样的缩微复制和电子计算机绘图。

在各种线型中，虚线、点画线及双点画线的线段长度和间隔宜各自相等。点画线或双点画线的两端，不应是点，点画线与点画线交接或点画线与其他图线交接时，应是线段交接。虚线与虚线交接或虚线与其他图线交接时，也应是线段交接。虚线为实线的延长线时，不得与实线交接。绘制圆或圆弧的中心线时，圆心应为线段的交点，且中心线两端应超出圆弧 2～3mm。实线、虚线、点画线画法如图5-3所示。

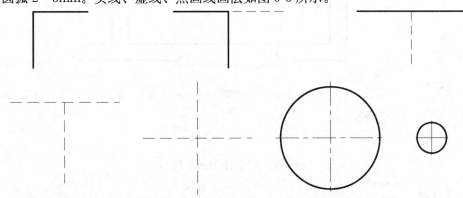

图5-3　实线、虚线、点画线、画法举例

当图形较小（如图5-3中较小的圆），画点画线有困难时，可用细实线来代替。

图5-4（a）为折断线和图5-4（b）为波浪线的画法举例。折断线直线间的符号和波浪线都徒手画出。折断线应通过被折断图形的全部，其两端各画出 2～3mm。

5.1.5　尺寸注法（根据 GB 50001—2010）

在建筑工程图中，除了按比例画出建筑物或构筑物等的形状外，还必须标完整的实际尺寸，以作为施工等的依据，与所绘图形的准确程度无关，更不得从图形上量取尺寸。

图样上的尺寸单位，除另有说明外，均以（mm）为单位。

这里将结合单个平面图形来叙述标注尺寸的基本规则，至于组合体图形的尺寸注法，将由第6章来阐述。关于专业图的尺寸注法将在后面有关章节中结合专业图的图示方法和

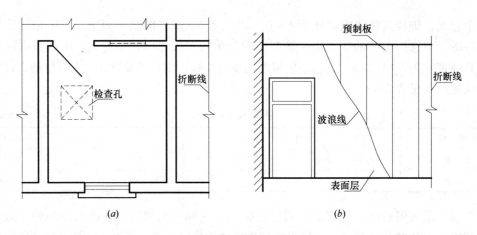

图 5-4　折断线、波浪线画法举例

(a) 折断线画法举例；(b) 波浪线画法举例

要求作详细叙述。

图样上标注的尺寸，由尺寸线、尺寸界线、尺寸起止符号、尺寸数字等组成，如图 5-5 所示。图样上尺寸的标注，应整齐、统一，数字应写得整齐、端正、清晰。

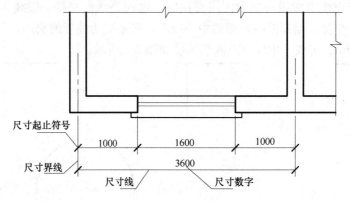

图 5-5　常用的标注形式图

1. 尺寸线

尺寸线应用细实线，尺寸线不宜超出尺寸界线，中心线、尺寸界线以及其他任何图线都不得用作尺寸线，线性尺寸的尺寸线必须与被标注的长度方向平行，尺寸线与被标注的轮廓线间隔以及互相平行的两尺寸线的间隔一般为 6～10mm。

2. 尺寸界线

尺寸界线应用细实线，一般情况下，线性尺寸的尺寸界线垂直于尺寸线，并超出尺寸线约 2mm。尺寸界线不宜与需要标注尺寸的轮廓相接，应留出不小于 2mm 的间隙。

在尺寸线互相平行的尺寸标注中，应把较小的尺寸标注在靠近被标注的轮廓线，较大的尺寸则标注在较小尺寸的外边（图 5-5），以避免较小尺寸的尺寸界线与较大尺寸的尺寸线相交。

3. 尺寸起止符号

尺寸线与尺寸界线相接处为尺寸的起止点。在起止点上应画出尺寸起止符号，一般为

45°倾斜的中粗短线，其倾斜方向应与尺寸界线成顺时针 45°角，其长度宜为 2～3mm。但是，在标注圆弧的半径、圆的直径和角度时，应改用箭头作为尺寸起止符号。尺寸箭头的形式如图 5-6 所示。箭头的宽度约为图形粗实线宽度（b）的 1.4 倍，长度约为粗实线宽度（b）的 5 倍，并予涂黑。在同一张纸或同一图形中，尺寸箭头的大小应画得一致。工程图上的尺寸箭头，不宜画得太小或太细长，其尖角一般不宜小于 15°，否则不利于缩微摄影及重新放大与复制。

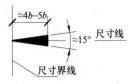

图 5-6 尺寸箭头的
形式及大小

4. 尺寸数字

工程图上标注的尺寸数字，是物体的实际尺寸，它与绘图所用的比例无关。建筑工程图上标注的尺寸数字，除标高及总平面图以米为单位外，其余都以毫米为单位。因此，建筑工程图上的尺寸数字无需注写单位。尺寸数字的高度，一般是 3.5mm，最小不得小于 2.5mm。尺寸线的方向有水平、竖直、倾斜三种，注写尺寸数字的读数方向相应地如图 5-7（a）所示。对于靠近竖直方向向左或向右 30°范围内的倾斜尺寸，可如图 5-7（b）、（c）所示注写。

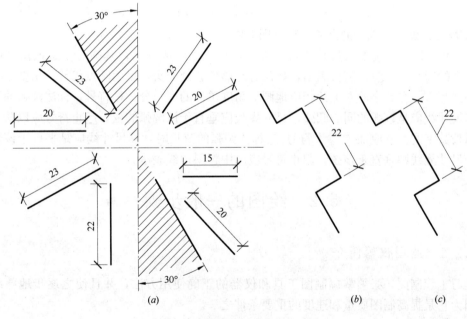

图 5-7 线性尺寸数字的注写方向
(a) 一般情况；(b) 变化一；(c) 变化二

5. 半径、直径、球的尺寸注法 (图 5-8)。

半径尺寸线必须从圆心画起或对准圆心。直径尺寸线则通过圆心或对准圆心。标注半径、直径或球的尺寸时，尺寸线应画上箭头。尺寸箭头的形式和大小如图 5-6 所示。半径数字、直径数字仍要沿着半径尺寸线或直径尺寸线来注写。当图形较小，注写尺寸数字及符号的地位不够时，也可以引出注写。半径数字前应加写拉丁字母 R；直径数字前就加注直径符号 ϕ。注写球的半径时，在半径代号 R 前再加写拉丁字母 S；注写球的直径时，在直径符号 ϕ 前也加写拉丁字母 S。当较大圆弧的圆心在有限地位以外时，则应对准圆心画一折线状的或者断开的半径尺寸线，例如图 5-8 中的 $R24$。

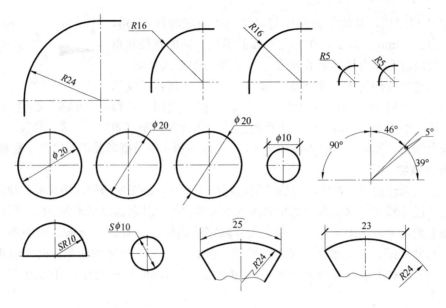

图 5-8　尺寸标注示例

6. 角度、弧长、弦长的尺寸注法（图 5-8）

标注角度时，角度的两边作为尺寸界线，尺寸线画成圆弧，其圆心就是该角度的顶点。角度的起止符号应以箭头表示，如没有足够位置画箭头，可用圆点代替。角度数字一律水平注写，并在数字的右上角相应地画上角度单位的度、分、秒符号。标注圆弧的弧长时，其尺寸线应是该弧的同心圆弧，尺寸界线应垂直于该圆弧的弦，起止符号应以箭头表示，弧长数字的上方应加"⌒"符号。)标注圆弧的弦长时，其尺寸线应是平行于该弦的直线，尺寸界线则垂直于该弦，起止符号应以中粗斜短线表示。

5.2　绘图的一般步骤

5.2.1　绘图仪器简介

学习工程制图，必须掌握制图工具和仪器的正确使用方法，并且使之逐步地熟练起来，因为它是提高制图质量和速度的重要条件之一。

绘图仪器包括：分规、圆规、墨线笔、绘图墨水笔等。绘图工具包括：画图板、丁字尺和三角板、比例尺、曲线板和绘图铅笔等。常用绘图用品有：橡皮、裁纸刀、胶带纸、砂纸、擦线片和建筑模板等。

绘图时常用的工具有画图板、丁字尺和三角板等。丁字尺是画水平线用的，三角板和丁字尺配合使用时，可以画出竖直线或 30°，45°，60°，15°，75°，105°等的倾斜线，如图 5-9 所示。

5.2.2　绘图程序和方法

为了保证图样的质量和提高绘图的速度，除了正确使用绘图工具和仪器外，还必须掌握正确的绘图程序和方法。

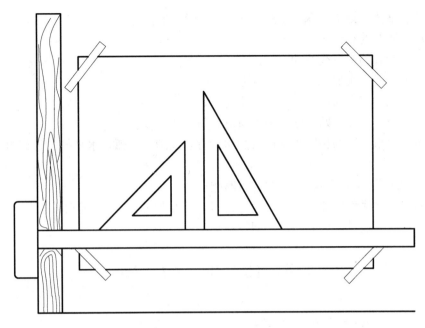

图 5-9　绘图工具的使用

1. 绘图前的准备工作

（1）准备好所用的绘图仪器和工具（包括绘图桌）并擦拭干净，磨削好铅笔及圆规上的铅芯。

（2）安排工作地点使光线从图板的左前方射入，将需要的工具放在方便之处，以便于绘图。

（3）图纸必须固定在图板上，才能利用丁字尺配合三角板画各种直线。一般按对角线方向顺次固定，使图纸平整。当图纸较小时，应将图纸固定在图板的左下方，使图纸的左边离图板左边约5厘米，图纸下边离图板下边缘的距离大于丁字尺的宽度。

2. 画底稿的方法和步骤

绘图的步骤和方法随图的内容及绘图者的习惯而不同，这里建议的是一般的绘图方法和步骤。画底稿时，宜用削尖的 H 或 2H 铅笔轻淡地画出，并经常磨削铅笔。

（1）先画图纸幅面框线、图框线、标题栏外框线等。

（2）考虑图形布局，一般图形应布置在图画的中间位置，并考虑到注写尺寸、文字等的地方和位置，务必使图纸中图安排得疏密匀称。

（3）根据需画图形的类别和内容来考虑先画哪一个图。画图时，先画轴线、中心线，再画轮廓线，然后画细部的图线。

（4）接着画尺寸界线、尺寸线、尺寸起止符号、注写尺寸数字及其他符号。

（5）最后画写仿宋字的格子稿线，书写图名、注释等文字。

3. 铅笔加深的方法和步骤

画完底稿后，应仔细校对，改正错误和缺点，擦净多余图线及污垢，方可用铅笔加深。加深直线可用 HB 铅笔，圆规的铅芯应比画直线的铅芯软一级。加深图线时，用力要均匀，同时要注意使图线均匀地分布在底稿线的两侧。并且做到线型正确、粗细分明、连接光滑、图面整洁。铅笔加深，一般可按如下步骤进行：

（1）加深所有的点画线；

（2）加深所有的粗实线圆和圆弧；

（3）从上到下依次加深所有水平的粗实线；

（4）从左到右依次加深所有竖直的粗实线；

（5）从图的左上方开始，依次加深所有倾斜的粗实线；

（6）按加深粗实线的相同步骤依次加深所有虚线圆及圆弧，水平的、竖直的及倾斜的虚线；

（7）加深所有的细实线、波浪线、折断线；

（8）画尺寸界线、尺寸线、尺寸起止符号，注写尺寸数字，画其他符号，书写文字，填写标题栏；检查校对，如有错误，即行改正。

5.3 徒 手 绘 图

5.3.1 徒手绘图的方法和步骤

徒手画图是一种不受场地限制，作图迅速而且在一定程度上显示出工程技术人员训练水平的绘图方法。它常被应用于记录新的构思、草拟设计方案、现场参观记录以及创作交流等各个方面。因此，工程技术人员应熟练掌握徒手画图的技能。

徒手画出的图，通称草图，但绝非指潦草的图。它同样有一定的图面质量要求，即幅面布置、图样画法、图线、比例、尺寸标准等尽可能合理、正确、齐全，不得潦草。草图上的线条也要粗细分明，基本平直，方向正确，长短大致符合比例，线型符合国家标准。

1. 直线的画法

画草图时，执笔的位置应高一些，手腕放松一些，这样画图比较灵活，徒手画图时执笔力求自然。画长线时手腕不要转动，而是整个手臂作运动，要手眼并用，眼睛应看向终点，画出的线条要尽量平直，注意应尽可能一次画成，不要来回重复描绘。但在画短线时，只将手指及手腕作适当运动即可，用手腕抵住纸面，速度均匀地移动手腕。每条图线原则上宜一笔画成，对于超长的直线才分段画出。图 5-10 为徒手画的各类直线段。

2. 徒手画斜线

徒手画与水平线呈 30°、45°、60°等特殊角度的斜线，可利用该角度的正切即对边与邻边的比例关系近似画出，如图 5-11（a）、（b）所示。也可以先画出 90°角，以适当半径

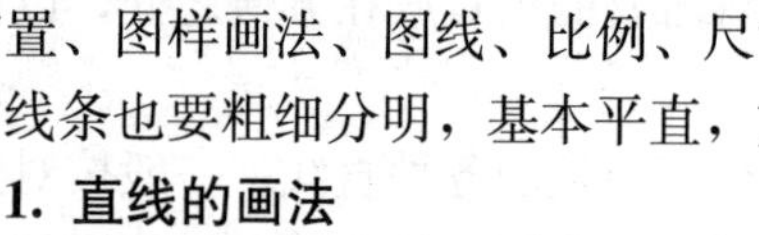

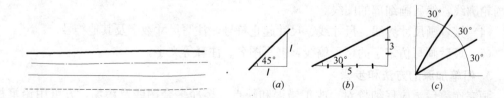

图 5-10　徒手画的各类直线段

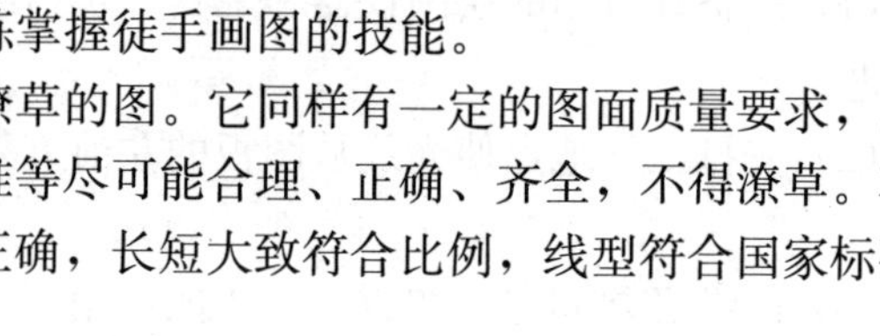

图 5-11　徒手画斜线
（a）画 45°斜线；（b）画 30°斜线；（c）等分 90°角

画出一段圆弧，将该圆弧作若干等分，通过这些等分点所作的射线，就是所求的相应角度的斜线（图5-11c）。

3. 等分线段

徒手等分直线段通常利用目测来进行。若作偶数等分（例如八等分），最好是依次作二等分，如图5-12（a）所示。若为奇数等分（例如五等分），则可用目测先去掉一个等分，而把剩余部分作四等分（图5-12b）。图线下方的数字表示等分线段时的作图顺序。

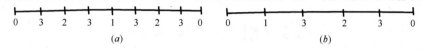

(a)   (b)

图5-12　徒手等分直线段

（a）八等分；（b）五等分

4. 徒手画圆

画直径较小的圆时，可在中心线上按圆的半径凭目测定出四个点之后徒手连接而成（图5-13a）。画直径较大的圆时，可通过圆心画几条不同方向的射线，同样凭目测按圆的半径在其上定出所需的点，再徒手把它们连接起来（图5-13b）。

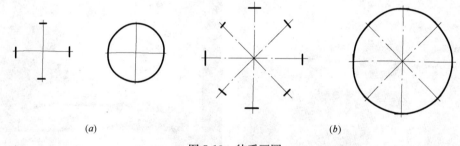

(a)   (b)

图5-13　徒手画圆

（a）画小圆；（b）画大圆

5. 徒手画椭圆

徒手画椭圆时应尽可能准确地定出它的长、短轴，然后通过长、短轴的端点画出一个矩形，并画出该矩形的对角线，再在对角线上凭目测按椭圆曲线变化的趋势定出四个点，最后徒手将上述各点依次连接起来即得所求，如图（图5-14（a）、（b）、（c））所示。

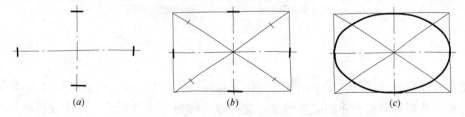

(a)   (b)   (c)

图5-14　徒手画椭圆

（a）第一步；（b）第二步；（c）完成作图

第6章 组合体的投影

6.1 组 合 体 概 述

从几何角度观察建筑物，不难发现它们大都是由许多基本几何体及几何曲面体按一定方式组合而成的。如图 6-1 所示，这些建筑从外观整体到局部细节主要由棱柱、棱锥、圆柱、圆球、圆台等基本几何体，按一定建筑构成规律组成。

由若干基本几何形体经过叠加、挖切、综合等方式构成的形体称为组合体。

 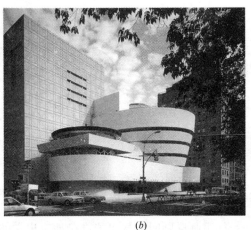

(a) (b)

图 6-1 组合体建筑
(a) 上海国际会展中心；(b) 古根海姆博物馆

6.1.1 形体分析法

将组合体假想分解成若干个基本几何体，对其形状大小、相对位置、组合方式等进行综合分析，从而得到组合体的完整形象，这种方法称为形体分析法。形体分析法是画图、读图和尺寸标注的基本方法。

如图 6-2 所示，初步分析：可将该组合体设想为一个大长方体切去左上方的较小长方体，或由两块长方体分别按横竖位置叠加而成；进一步分析：底板可认为是由长方体和半圆柱体组合或长方体倒了圆角，再挖去一个圆柱体而形成的，竖板由长方体挖去一小长方体而成。

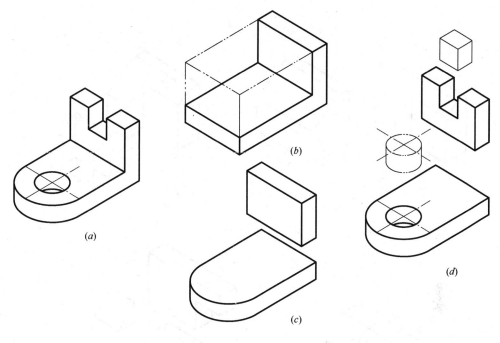

图 6-2　组合体的形体分析

6.1.2　组合体的组合方式

组合体的组合方式一般可分为叠加式（图 6-3）、切割式（图 6-4）、综合式（图 6-2）。

图 6-3　叠加式

　　值得指出，在许多情况下，叠加式和切割式的划分是相对的，并无严格界限，对同一组合体既可按叠加方式分析，也可按切割方式理解。如图 6-5（*a*）所示组合体，可分析为图 6-5（*b*）所示的三部分简单体叠加而成，也可分析为图 6-5（*c*）所示由长方体经过数次切割而成。具体分析形体时，以易于理解和作图为原则。

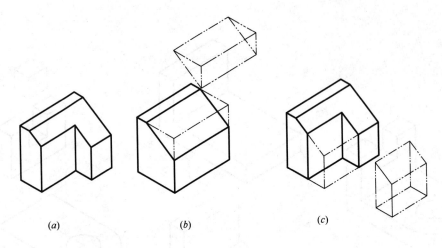

(a)　　　　　　　(b)　　　　　　　　(c)

图 6-4　切割式

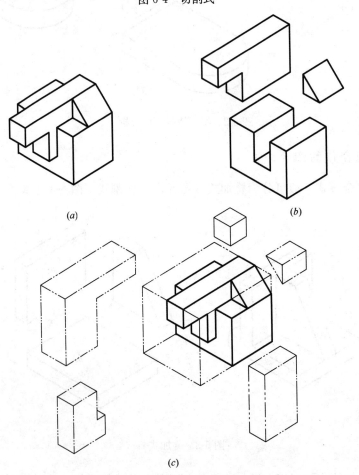

(a)　　　　　　　　　　　(b)

(c)

图 6-5　组合体不同组合方式分析
(a) 组合体；(b) 叠加式组合分析；(c) 切割式组合分析

6.1.3 组合体的投影特点

1. 组合体的三面投影

无论是总体尺寸还是局部细节尺寸都满足"长对正、高平齐、宽相等"的投影规律（九字口诀），如图 6-6 所示。

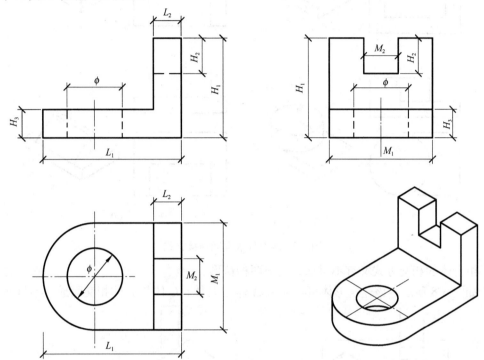

图 6-6 组合体投影特性

2. 组合体表面间不同的连接方式

组合体实际为一个整体，形体分析仅仅是一种假想的分析方法。各基本形体在组合时因其表面间过渡的方法不同，连接方式也不一样。正确分析和判断组合体表面间的连接方式，是正确画图和读图的前提。

各基本形体之间的表面连接关系可分为平齐、不平齐、相切、相交四种情况，如图 6-7 所示。

（1）不平齐

当两基本形体表面间不平齐时，它们在连接处应有线隔开，如图 6-7（a）所示。

（2）平齐

当两基本形体表面间平齐时，它们在连接处是共面关系，不再存在分界线，如图 6-7（b）所示。

（3）相切

当两基本形体的表面相切时，其相切处是光滑过渡无轮廓线，故不应画出切线，如图6-7（c）所示。

（4）相交

相交是指基本形体的表面相交，如图 6-7（d）所示。

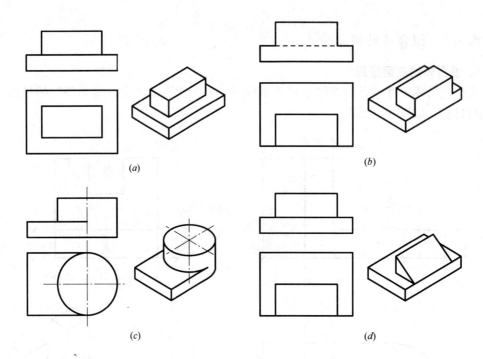

图 6-7　组合体表面间连接方式

组合体的相交方式又有不贯通、贯通两种情形。

如图 6-8 所示，该建筑形体可看成由 A 体与 B 体、C 体与 B 体相交而成（不贯通）；

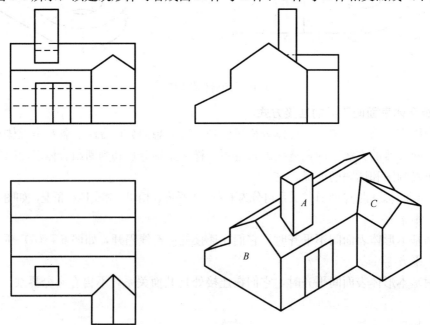

图 6-8　组合体的相交方式一

如图 6-9 所示，该组合体可看成由圆柱与四棱柱相贯而成（贯通）。表面交线是它们的表面分界线，投影图上必须画出其投影。

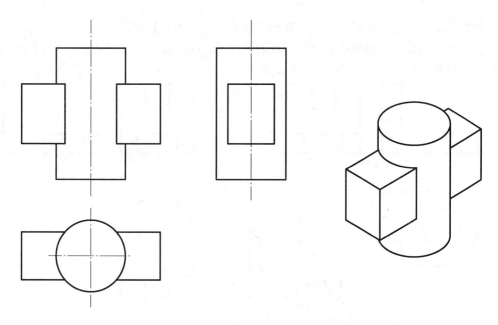

图 6-9　组合体的相交方式二

6.2　组合体投影图的画法与识读

6.2.1　组合体投影图的画法

组合体投影图绘图步骤为：形体分析法分析组合体；选择合适的投影方向和投影数量；按基本制图步骤绘出投影图。

1. 形体分析

在画组合体的投影之前，首先要运用形体分析法将复杂形体分解为若干基本几何体，并分析各基本几何体的形状及它们之间的相对位置和表面间的连接方式，据此进行画图。

2. 投影选择

（1）正面投影的选择

根据人们的观察习惯，正面投影图通常作为形体的主要投影图。正面投影方向的选择实际上就是形体对正立投影面（V 面）相对位置的选择。其原则是使正面投影既能反映形体的形状特征，又能清楚表达出各部分的结构形状，还要使各投影虚线最少。

如图 6-10 所示，对房屋建筑来说，常选用主要出入口所在立面平行正立投影面（V 面）；又如图 6-11 所示，（a）、（b）分别为沿 A、B 向向 V 面投影所得投影图，显然，沿 A 向向 V 面投影所得投影图合理。

（2）投影图数量的选择

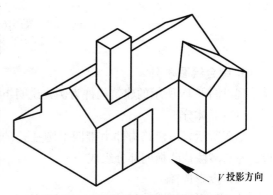

图 6-10　房屋正面图投影方向的确定

投影方向确定后，形体的安放位置也就确定了，接下来是投影数量的选择。基本原则是：在完整、准确、清晰地表达物体形状的情况下，投影数量应尽量减少。对不同形体要进行具体分析，如图 6-12、图 6-14 所示。

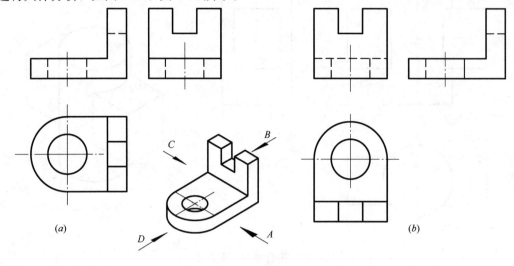

图 6-11　正立面图投影选择

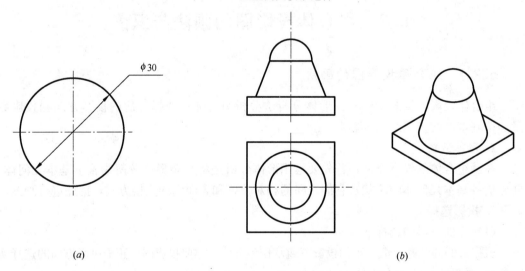

图 6-12　投影图数量的选择
（a）球；（b）对称的形体

3. 综合绘图举例

现以图 6-13 所示的建筑构件为例，说明组合体的绘图步骤。

（1）形体分析

如图所示，该建筑构件由带四个圆柱孔的底板四棱柱、中部四棱柱、前后三棱柱肋板、左右多棱柱肋板四部分组成。

（2）投影选择

使底板底面与 H 面平行，是该建筑构件在正常施工中的放置位置，选能反映该建筑

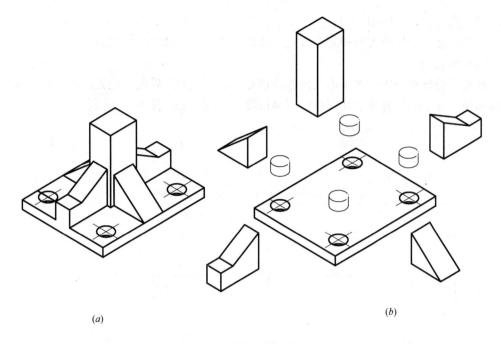

(a)   (b)

图 6-13　建筑构件形体分析

构件各组成部分形状特征及相对位置的方向作为正面投影图的方向。综上分析，该形体的三面投影图按图 6-14 所示比较合理。

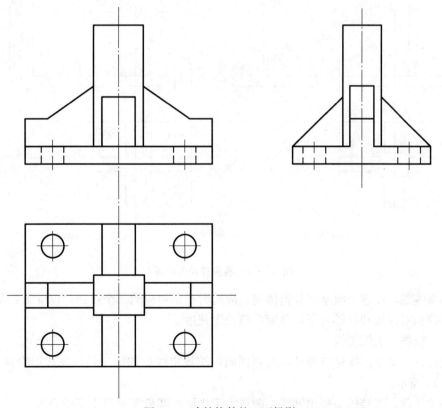

图 6-14　建筑构件的三面投影

（3）选比例、定图幅

根据该建筑构件的大小和复杂程度，选择合适比例，确定图纸幅面。

（4）画底稿

按形体分析法分析的各基本几何体及相对位置，从先主后次、先大后小、先整体后局部的顺序，逐个画出各基本几何体的三面投影，如图 6-15、图 6-16 所示。

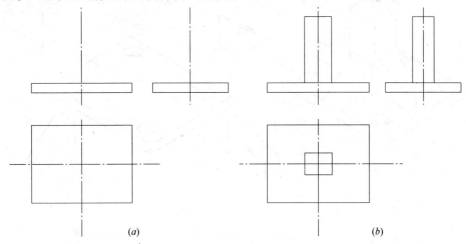

（a）   （b）

图 6-15　建筑构件绘图步骤一

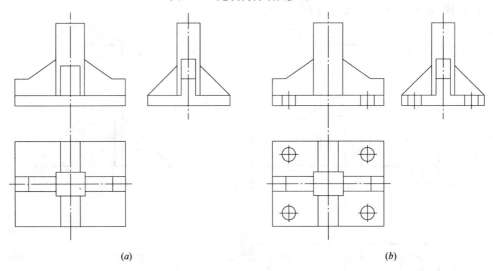

（a）   （b）

图 6-16　建筑构件绘图步骤二

必须注意，在逐个画基本几何体时，应同时画出对应的三个投影，以保证各基本几何体之间的相对位置和投影关系，并能提高画图速度。

（5）校核、加深图线。

最后，对整个图线检查校核，清理图面，按规定线型加深图线，完成组合体的全图，如图 6-14 所示。

必须注意，回转体需画出轴线，圆或大于半圆的圆弧需画出十字中心线。

6.2.2 组合体投影图的识读

读图是画图的逆过程，即运用投影规律，由二维平面图形（正投影图）想象出三维空间形体的形状。组合体的读图与画图一样，主要采用形体分析法，对形状较复杂的局部还采用线面分析法。

1. 读图基本要领

（1）熟悉基本几何体及简单组合体的投影特征，如图 6-17 所示。

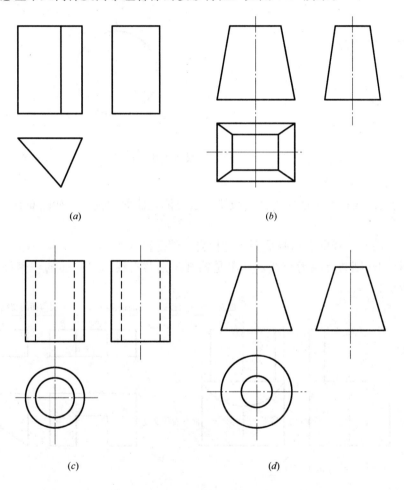

图 6-17　基本几何体投影特征举例
(*a*) 三棱柱；(*b*) 四棱柱；(*c*) 带孔圆柱；(*d*) 圆台

（2）掌握常见被截断基本几何体的投影特征，如图 6-18 所示。

（3）熟记平面图形的投影特征，即平面的投影是同边数类似形（投影有积聚性除外）。如图 6-21 (*c*)、(*d*) 所示，B 面的投影 b 和 b' 均为与 B 面同边数的类似形。

（4）掌握图线和封闭线框的含义

1）图线的含义

图中的每一条实线或虚线有三种可能：平面的积聚投影、曲面的轮廓线、面与面的交线，如图 6-19 所示。

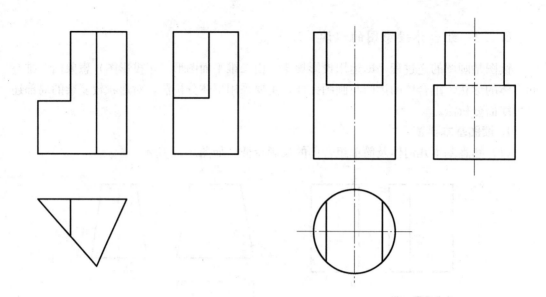

图 6-18　带切口形体的投影特征举例

2）封闭线框的含义

图中的封闭线框有可能是平面的投影，也可能是曲面的投影，如图 6-19（a）的 W 投影所示。

3）相邻的两个线框表示两平面不是相交，就是错开

如果是相交则共有线为交线，如果是错开，则共有线为另一面的积聚投影，如图 6-19（b）所示。

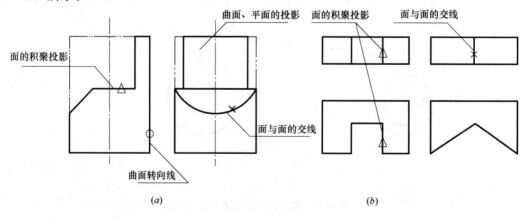

（a） 　　　　　　　　　　　　　　　　（b）

图 6-19　线及线框不同含义分析

（5）将几个投影图结合起来识读

形体的形状一般需要通过几个投影图来表达，每个投影只能反映形体在某一个投射方向上的形状。因此，一般情况下仅由一面或两面投影图不能唯一确定物体的形状，必须将几个投影图结合起来识读。

（6）抓住特征投影图读图

读图过程是一个由感性到理性的认知过程，抓住该组合体多面投影图中最能反映其特

征形状的投影图，再结合其他投影图，就能比较快地想象出物体的形状。如图 6-17（c）、
（d）所示，正面投影图能明显反映空心圆柱和圆台在特征形状上的不同。

2. 读图的基本方法

（1）形体分析法

根据已知投影图把形体分解成若干部分，由每个组成部分的三面投影想象出对应形体
的形状，再根据投影规律及各组成部分的相对位置关系，综合起来想象整体形状，即为形
体分析法读图。

如图 6-20 所示，用形体分析法分析该组合体步骤为：

1）由特征投影"化整为零"

通常以正面投影作为特征投影，将该组合体分解成 a′、b′、c′ 三部分。

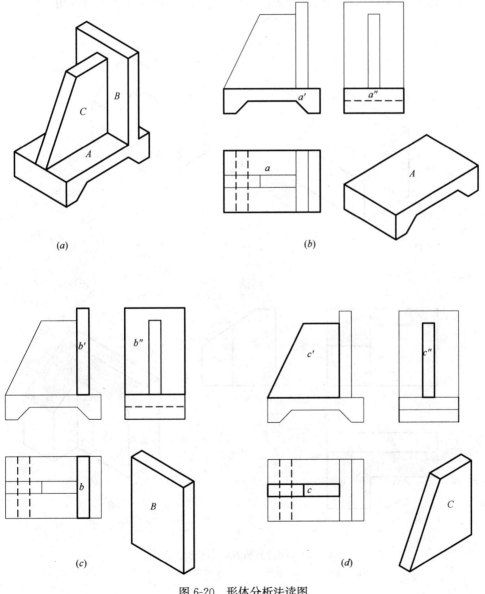

图 6-20 形体分析法读图

2）由对应投影想象单体

根据"九字口诀"，分别找出对应的 a、b、c 和 a″、b″、c″，由三面投影图想象出各部分所反映的单体形状。

3）综合想象"积零为整"

根据分析的各基本形体的形状及相对位置，想象出组合体的整体形状。

（2）线面分析法

在对组合体的整体轮廓进行形体分析的基础上，对投影图中较难看懂的局部，可根据线、面投影规律（如图 2-3 所示积聚性、实形性、类似性），依次分析其对应形状和空间位置，从而想象出完整的组合体形状，这种分析方法称为线面分析法。通常线面分析法是对形体分析法的补充。

下面以图 6-21 为例，说明形体分析法和线面分析法在读图中的综合应用。

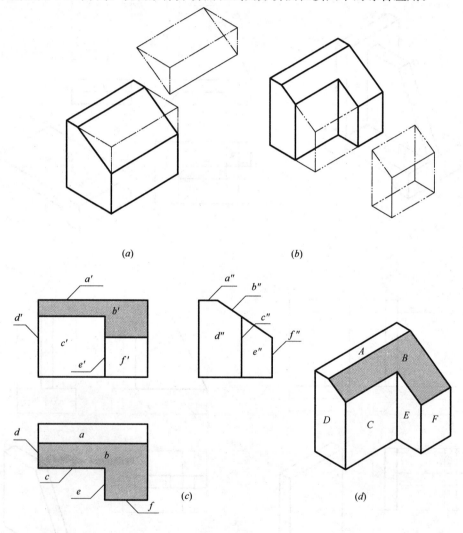

图 6-21　综合分析及线面分析法读图

(a) 雏形一；(b) 雏形二；(c) 正投影图；(d) 立体图

（1）进行整体分析。依据组合体的投影图和基本几何体的投影特征，由形体分析法想象出该形体的大体轮廓。

由图 6-21（c）给出的 W 投影图，可想象出该组合体的雏形一是由四棱柱前上方切去一个三棱柱，如图 6-21（a）所示；由给出的 H 投影图，可想象出该组合体的雏形二是在雏形一的基础上切去左前部，如图 6-21（b）所示。

（2）用线面分析法对较难看懂的局部进行分析。该组合体的表面 B 是较难懂的部位，根据 b'' 为一直线段的积聚性、b 与 b' 均为边数相同的类似形，可想象出该组合体的 B 面空间位置及形状。显然 B 面与 b 及 b' 均为边数相同的类似形，如图 6-21（d）所示。

（3）将三面投影图进行综合分析想象，最后可得该组合体的整体形状，如图 6-21（d）所示。

另外，也可以线面分析法为主得出该组合体的整体形状。

如图 6-21（c）所示，以 A 面为例：依据投影图中标注的线框 a，由"长对正、高平齐、宽相等"的投影规律和同边数类似形原则，找出它们的对应投影 a'、a''，分析出空间形状及位置为平行于 H 面的长方形 A。以此类推，可想象出 B、C、D、E、F 面的空间形状和位置，最后得出该组合体的整体形状。

6.2.3 组合体投影图的二补三问题

所谓二补三问题，即已知形体的两面投影图，补全第三面投影图。这个过程主要可培养空间想象力及创造性思维能力，训练对点、线、面及基本几何体的投影特点、投影规律的运用能力，以提高读图能力。

下面以图 6-22 为例，介绍"二补三"的一般步骤：

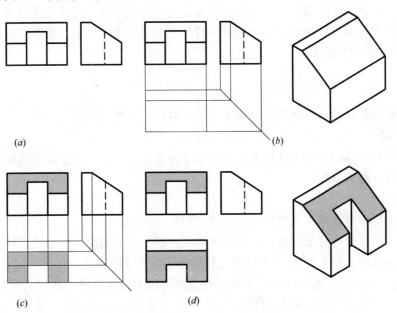

图 6-22 已知 V、W 投影补 H 投影
（a）题目；（b）步骤一；（c）步骤二；（d）完成

89

（1）对已知的投影面进行形体分析，大致想象出该形体的基本体的雏形，依据"长对正、高平齐、宽相等"的投影规律，用底稿线画出基本体的雏形的轮廓，如图 6-22（b）所示。

（2）对于较难读懂部位，可采用线面分析法及形体各表面的对应投影为同边数类似形的原则，补画出该部位的投影。如图 6-22（c）中所示，涂灰的线框所围合的面。

（3）整理后加深图线，得出形体的第三面投影，如图 6-22（d）所示。

6.3　组合体尺寸标注

组合体的投影图只能反映出组合体的形状和各个基本组合体之间的组合关系，组合体的实际大小和各部分之间的相对位置必须通过标注尺寸来确定。

6.3.1　基本几何体的尺寸标注

任何几何体的尺寸都包括长、宽、高三个向度，故在其投影图上标注尺寸时，要把反映这三个方向的尺寸标注出来。

（1）平面立体一般要标注长、宽、高三个方向的尺寸，如图 6-23（a）、（b）、（c）、（d）所示。

（2）回转体只需标注两个尺寸，即直径和轴线尺寸，圆球在标注直径并注上符号 $S\phi$ 后，画一个投影图即可完整表达其形状和大小，如图 6-23（e）、（f）、（g）、（h）所示。

6.3.2　带切口形体的尺寸注法

当基本几何体被平面截断后，除标注基本几何体的尺寸外，还应标注出截平面的定位尺寸。因形体与截平面的相对位置确定后，其切口的交线也已确定，故不应再标注切口交线的尺寸，如图 6-24 所示。

6.3.3　组合体的尺寸注法

形体分析法是标注组合体尺寸的基本方法，其尺寸类型可以分为三类。

1. 定形尺寸

表示构成组合体的各基本几何体大小的尺寸称为定形尺寸。定形尺寸的标注应以基本几何体的尺寸标注为基础。

2. 定位尺寸

定位尺寸是确定各基本几何体在组合体中相对位置的尺寸。

标注定位尺寸要选好基准面，通常以形体的底面、左右侧面、中心线、对称轴线等作为定位尺寸的基准。图 6-25 所示为常用几何形体定位尺寸的注法。

在图 6-25（a）中，形体由两长方体组合而成。因为底部平齐，所以高度 Z 方向不需标注定位尺寸，但需标注前后 Y 向和左右 X 向两个方向的定位尺寸。其中，Y 向 a 以长方体的后面为基准，X 向 b 以长方体的右端面为基准。

在图 6-25（b）中，形体由圆柱和长方体叠加而成。因其前后、左右均对称，相对位置可由两中心线确定，故不必标注定位尺寸。

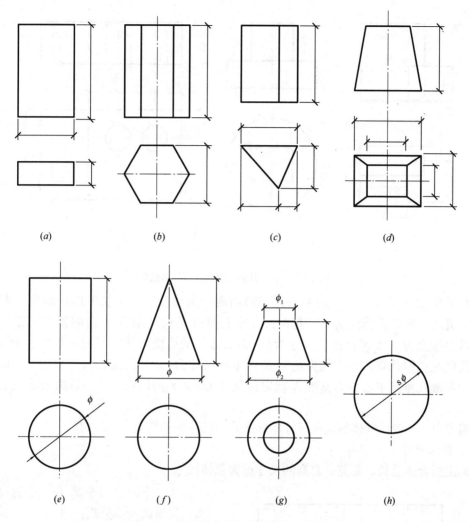

图 6-23　常见基本几何体投影及尺寸注法

（a）四棱柱；（b）正六棱柱；（c）三棱柱；（d）四棱台；（e）圆柱；（f）圆锥；（g）圆台；（h）球

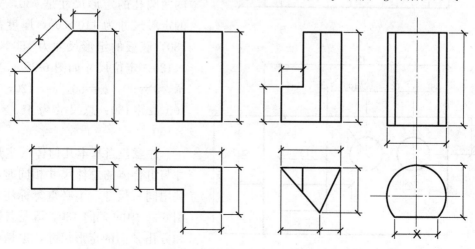

图 6-24　带切口形体的尺寸注法（打×处为不正确）

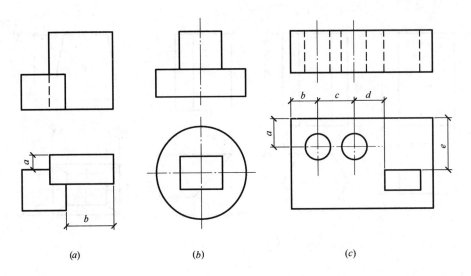

(a)　　　　　　　(b)　　　　　　　(c)

图 6-25　常用几何形体定位尺寸注法

在图 6-25（c）中，形体由长方体切割出两个圆柱孔和一个长方形孔而成。由于各孔上下贯通，因此需标注出三个孔在长方体上前后 Y 向、左右 X 向的相对位置。左边圆孔以左端面为基准 X 向定位尺寸为 b，以长方体的后面为基准 Y 向定位尺寸为 a；中部圆孔以左边圆孔垂直中心线为基准 X 向定位尺寸为 c，Y 向定位尺寸也为 a；长方形孔以中部圆孔垂直中心线为基准 X 向定位尺寸为 d，Y 向以长方体的后面为基准定位尺寸为 e。

需指出，一般回转体的定位尺寸应标注到回转体的轴线上。

3. 总体尺寸

确定组合体总长、总宽、总高的尺寸称为总体尺寸。

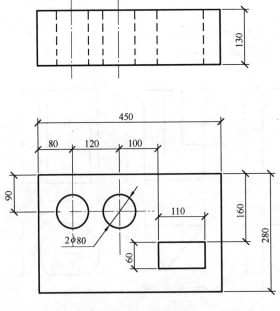

图 6-26　组合体的尺寸注法

下面对图 6-25（c）中的尺寸标注做进一步分析：

如图 6-26 所示，该构件底板上的两圆孔的定形尺寸是 $\phi80$，方孔的定形尺寸为 110×60，厚度都为 130，底板的定形尺寸为 $450\times280\times130$；定位尺寸如图 6-25（c）所示，$a=90$，$b=80$，$c=120$，$d=100$，$e=160$；总尺寸为 $450\times280\times130$。

注意，当基本几何体的定形尺寸与组合体的总体尺寸相同时，可共用同一尺寸，不必重复标注，如图 6-26 中的 Z 向 130，既是各圆孔和方孔 Z 向的定形尺寸，也是底板的总高尺寸。

6.3.4 尺寸标注的步骤及注意事项

尺寸标注的基本步骤为：形体分析，标注定形尺寸、定位尺寸、总体尺寸。尺寸标注的基本要求为：正确、完整、清晰。

具体尺寸配置原则：

（1）定形尺寸应标注在能反映形体特征的投影图上，并尽量将表示同一部分的尺寸集中在同一投影图上。如图 6-26 中，圆孔、方孔的定形尺寸均在反映其形体特征的水平投影图上标注。

（2）同一方向的几个连续的尺寸应尽量标注在同一条尺寸线上。如图 6-25（c）中所示的 b、c、d 定位尺寸。

（3）与两投影有关的尺寸尽量标注在两投影图之间。如图 6-26 中的底板总长 450 标注在正面投影图和水平投影图之间。

（4）尽量避免在虚线上标注尺寸。

（5）除某些细部尺寸外，尽量把尺寸标注在轮廓线外，但又要靠近被标注的对象。

（6）同一尺寸一般只标注一次，但在房屋建筑工程图中，必要时可以重复。

6.3.5 尺寸标注示例

【例 6-1】 图 6-27 所示建筑构件的形体分析如图 6-13 所示，尺寸标注要领请参照前

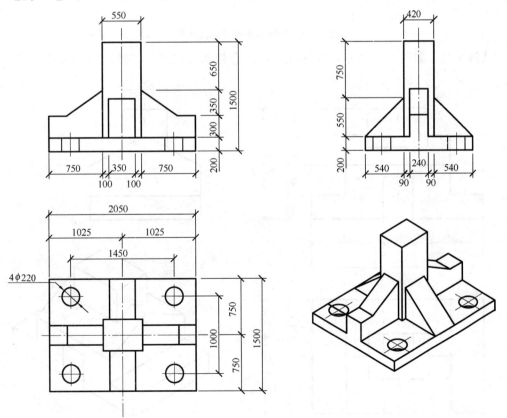

图 6-27　建筑构件尺寸标注示例

文所述自行分析。

【例 6-2】 如图 6-28 所示，需指出，当形体的端部为部分回转体时，总体尺寸应标注至回转体的中心线上。该组合体圆孔的定位尺寸以右端为基准，标至中心线处为 240，该组合体的总长尺寸也是从右端标至中心线处为 240。

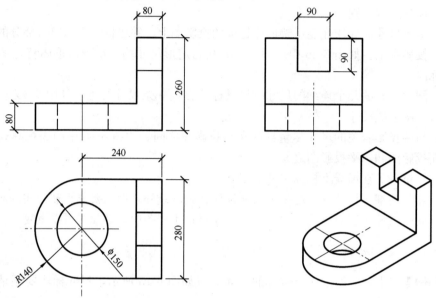

图 6-28 几何形体尺寸标注示例 1

【例 6-3】 如图 6-29 所示，在标注中，注意带切口位置、凹槽位置的标注方式。其

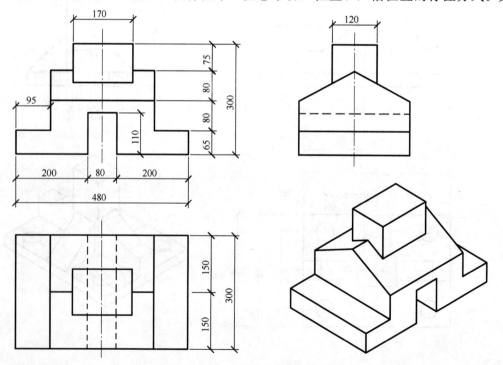

图 6-29 几何形体尺寸标注示例 2

中，组合体顶部四棱柱的高度定位，由其 W 投影与下部相贯后自行生成，无需标注。需指出：尽量不在虚线上标注尺寸；必要时形体尺寸方可标注在图形内且以轮廓线为尺寸界线，如底部凹槽的高度 110。

第7章　工程形体的图样画法

研究和推广用图形来表达工程形体的方法及其规律，使工程图样成为工程技术语言，成为工程施工、工程管理的重要技术文件。本章不仅包括按正投影原理绘制工程图，还包括许多在制图国际框架内的实用、简便、灵活的图样画法及处理手段，从而为设计和表达工程建筑打下坚实的基础。

7.1　视　　图

7.1.1　三面投影图

1. 三面投影图的形成和图样的布置

将工程形体向三个互相垂直的投影面作正投影，如图 7-1（a）将某一台阶向 H、V、W 面作从上向下、从前向后、从左向右正投影。如将三个互相垂直的投影面保持如图 7-1（a）的展开方式，就得到工程形体的三面视图，简称三面投影图，如图 7-1（b）所示。按《国标》规定，将工程形体向 H 面作正投影所得的图称为平面图，向 V 面作正投影所得的图称为正立面图，向 W 面作正投影所得的图称为左侧立面图。为了使图样清晰起见，不必画出投影间的投影连线，各视图间的距离，通常可根据绘图的比例，标注尺寸所需要的位置，并结合图纸幅面等因素来确定。

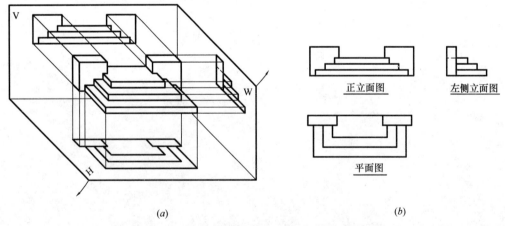

（a）　　　　　　　　　　　　　　　　　　（b）

图 7-1　台阶三面投影图的形成和图样布置

（a）台阶三面投影图的形成；（b）台阶三面投影图

2. 三面投影图的投影规律

如图 7-2 台阶的三面投影图所示，正立面图反映台阶的上下、左右的位置关系，即高度和长度；平面图反映台阶的左右、前后的位置关系，即长度和宽度；左侧立面图反映台阶的上下、前后位置关系，即高度和宽度。虽然在三面投影图中不画各投影间的投影连线，但三面投影图仍然保持各投影之间的投影关系和"长对正、高平齐、宽相等"的三等投影规律。

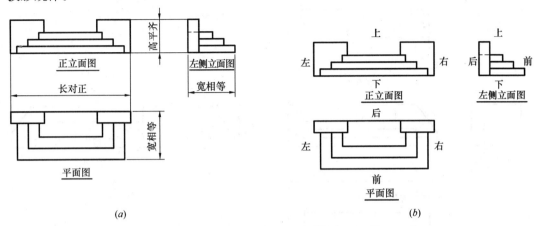

图 7-2　三面投影图的投影规律

7.1.2　六面基本视图

三面投影图在工程实际中往往不能满足需要。对于某些物体，需要画出从物体的下方、后方或右侧观看而得到的视图，如图 7-3 所示，就是增设 3 个分别平行于 H、V 和 W 面的新投影面，并在它们上面分别形成从下向上、从后向前和从右向左观看时所得到的视图，分别称为底面图、背立面图和右侧立面图。这样，总共有 6 个投影图，称做 6 个视图。然后将它们都展平到 V 面所在的平面上，便得到如图 7-4 所示的按投影面展开结果配置的 6 个视图的排列位置。图中每个视图的下方均标注了图名。

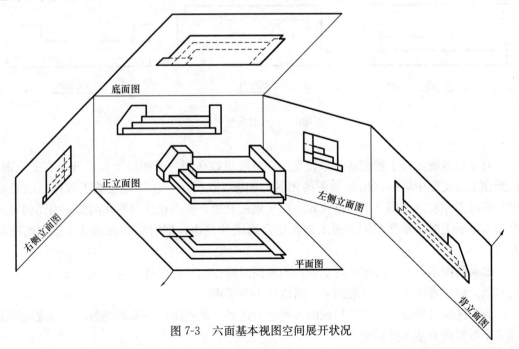

图 7-3　六面基本视图空间展开状况

一般情况下，如果6个视图在一张图纸内并且按图7-4所示的位置排列时，则不必注明视图的名称。如不能按图7-4配置视图时，则应标注出视图的名称，如图7-5所示。

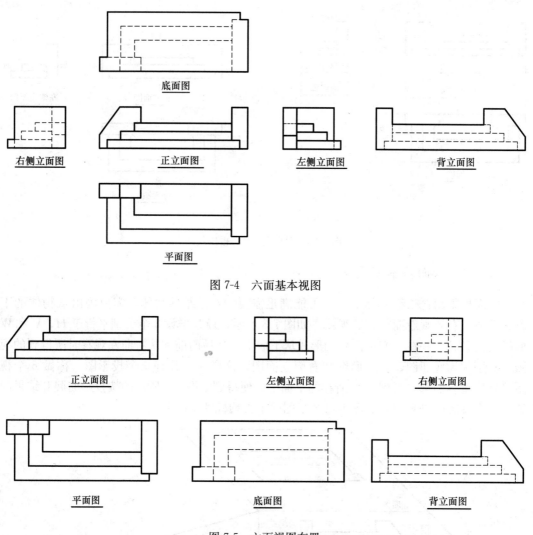

图 7-4　六面基本视图

图 7-5　六面视图布置

　　对于建筑物，由于被表达对象较复杂，一般很难在同一张图纸上安排开所有的视图，因此在工程实际中均标注出各视图的图名，如图7-5所示。在房屋建筑工程图样的绘制中，有时把左右两个侧立面对换位置，便于就近对照，即当正立面图和两侧立面图同时画在一张图纸上时，常把左侧立面图画在正立面图的左边，把右侧立面图画在正立面图的右边。

　　如果受图幅限制，房屋的各立面图不能同时画在同一张图纸上时，就不存在上述的排列问题。由于视图下面均注有图名，所以并不会混淆。

　　为了区别以后要引入的其他视图，特把上述的6个视图称为基本视图，并相应地称上述6个投影面为基本投影面。

7.1.3 辅助视图

1. 斜视图

把物体向不平行于任何基本投影面的平面投射所得到的视图，称为斜视图。如图 7-6 所示，斜坡屋顶上的气窗不平行于基本投影面，为了要得到反映该倾斜部分实形的视图，可设置一个平行于该倾斜部分的辅助投影面来得到如图 7-6 所示的局部辅助投影，辅助投影反映了这部分的实形，这就是斜视图，工程制图中常用斜视图来表达物体上倾斜结构的实形。

在物体的倾斜平面所垂直的视图上（如图 7-6 中平面图上），须用箭头表示斜视图的投影方向，并用大写字母予以编号，如图中 "A" 所示。并在斜视图下方注写 "A" 字样。这些字均沿水平方向书写。

斜视图只要求表示出倾斜部分的实形，其余部分仍在基本视图中表达，所以用波浪线或折断线表示倾斜部分与其他部分的断裂边界，如图 7-6 所示。

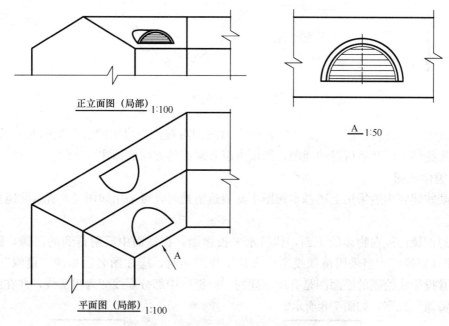

图 7-6　表达房屋屋面的局部斜视图

2. 旋转视图

假想把物体的倾斜部分旋转到与基本投影面平行后，再投射得到的视图，称为旋转视图。

建（构）筑物的某些部分，如与投影面不平行，在画立面图时，可将该部分展开至与投影面平行，再以正投影法绘制，并应在图名后注写 "展开" 字样。

图 7-7 为房屋的综合实例，图中除画出房屋的诸视图外还画了指北针。工程图样中习惯把房屋的大致朝向称为某向立面图，代替前述的正、背、侧等立面图名称。

图 7-7 中房屋的东南立面图是一个斜视图，虽然由东南方向投射所得的视图倾斜于基本投影面，但用 "东南" 两字已表明了投射方向，故箭头可以省略。

该房屋的西立面图为一局部视图，因为写上了反映投影方向的图名，故也不必画表示

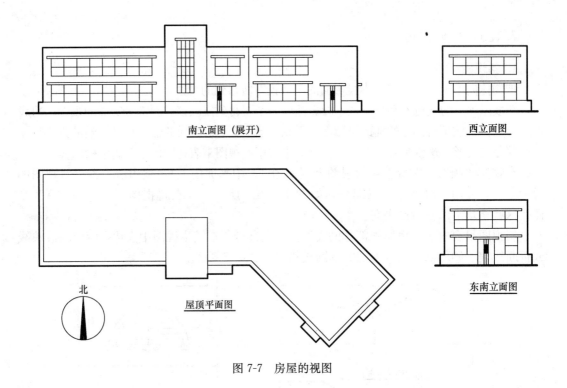

南立面图（展开）   西立面图

北

屋顶平面图

东南立面图

图 7-7　房屋的视图

投射（或观看）方向的箭头。该房屋的南立面图的右端，为房屋的右方朝向西南的立面，按旋转法旋转、展开后所得的视图，图中可以省略旋转方向的标注。

3. 镜像视图

当某些建筑构造采用上述基本视图不易表达清楚时，可采用如图 7-8 所示的镜像投影法绘制。

假想把镜面放在物体的下面，代替水平投影面，在镜面中反射得到的图像，则称为"平面图（镜像）"。当采用镜像投影法表达工程形体时，应在图名后加注"镜像"二字。它和通常投影法绘制的平面图是有所不同的，应把图中部分虚线变为粗实线，并在图名后注写"镜像"二字，如图 7-8 所示。

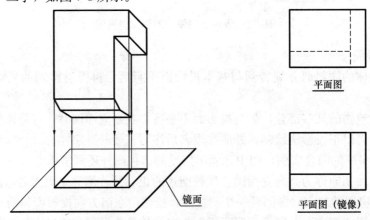

平面图

镜面

平面图（镜像）

图 7-8　用镜像投影法绘制的视图

建筑吊顶（顶棚）灯具、风口等设计绘制布置图时，应是反映在地面上的镜面图，而不是仰视图。

7.2 剖 面 图

视图能够把物体的外部形状特征表达清楚，但是，形体上不可见的结构在投影图中需用虚线画出。许多工程物体不仅有复杂的外部形状，而且也常常伴随复杂的内部结构，按前述的表达方法，其内部轮廓在视图中需要用虚线表示。

这样，对于内部复杂的建筑物，例如一套房子，内部有各种房间、走廊、楼梯、门窗、基础等，如果这些看不见的部分都用虚线表示，必然形成图面虚线实线交错，混淆不清，会产生不便于标注尺寸，容易产生差错等问题。

长期的生产实践告诉我们，解决这个问题的好办法是假想将形体剖开，让它的内部构造显露出来，使看不见的部分变成看得见，然后用实线画出这些内部构造的投影图，这种表达方式就是下面将要介绍的剖面与断面的有关知识。

7.2.1 剖面图的形成

1. 剖面的概念

假想用剖切面（一般为平面）在形体的适当位置将其剖开，移去观察者与剖切面之间的那部分形体，画出剩留部分的投影，并且在剖面区域内画上材料符号，这种视图称为剖面图，简称剖面。所谓剖面区域是指剖切面与形体的接触部分（剖切到的实体轮廓）。

2. 剖切实例

图 7-9 所示的工程设备形体，由于内部结构比较复杂，在正立面图、侧立面图（图 7-11a 所示）上都出现了较多的虚线，为使内部结构表达清楚，假想采用一个与 V 面平行的剖切面 P 沿着形体宽度方向的对称面将其剖开，然后将剖切面 P 连同它前面的半个形体移去，再将剩余的半个形体投影到 V 面，就得到了如图 7-10（a）所示的剖面图。

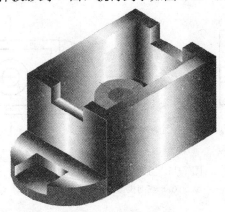

图 7-9 工程设备形体

同样也采用一个侧平面 R，沿形体中部凹槽的圆柱凸台的轴线剖切，移去剖切平面 R 及左边的部分形体，然后把右边一部分形体向 W 面投影，就得到了如图 7-10（b）所示的形体另一方向的剖面图。用这个剖面图代替原来的正立面图和侧立面图，与平面图一起，可以比较清楚地表达出工程设备形体的内外结构，如图 7-11（b）所示。

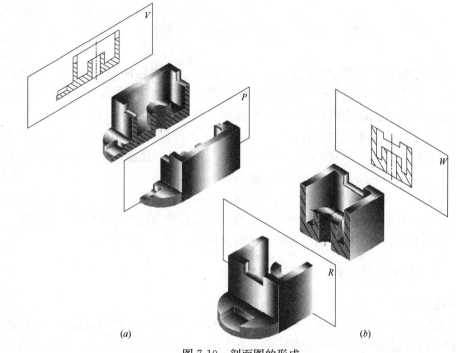

图 7-10　剖面图的形成

（a）平行 V 方向剖面图的产生；（b）平行于 W 方向剖面图的产生

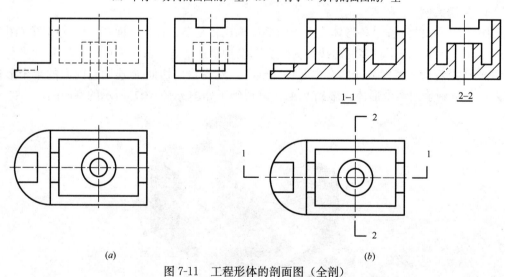

图 7-11　工程形体的剖面图（全剖）

（a）三面投影图；（b）剖面图

7.2.2　剖面图的画法

1. 剖面图作图时应注意以下的几点

（1）相关图样的处理——由于剖切是假想的，所以只有在画剖面图时才假想将形体切去一部分；而在画另一个投影时，还应按完整的形体处理。图 7-10 所示，虽然在画 V 面的剖面图时已将形体剖去了前半部，但是在画 W 面的剖面图时，仍然要按完整的形体剖开，H 面视图也要按完整的形体画出。

（2）剖切平面的选择——作剖面图时，剖切平面的选择应平行于投影面，从而使断面的投影反映实形。同时，剖切平面还应尽量通过形体上的孔、洞、槽等隐蔽结构的中心线，使形体的内部情形尽量表达得更清楚。对于土建专业图，剖切面尽量通过房屋结构（例如出入口，楼梯间等）变化比较大的位置。同一个形体，选择不同的剖切平面及剖切位置，得到的剖面图也不同。

2. 作图步骤

以图 7-9 中的工程设备形体为例，在其给定的三面投影图基础上改画其剖面图。

（1）擦去被切掉的可见轮廓线

形体被剖切后，剖切平面与观察者之间的左边部分形体被移走，原来视图上的外表轮廓线就已不存在。当在原视图上改画剖面图时，应首先擦去这部分被切掉的可见轮廓线，如图 7-12（a）所示。

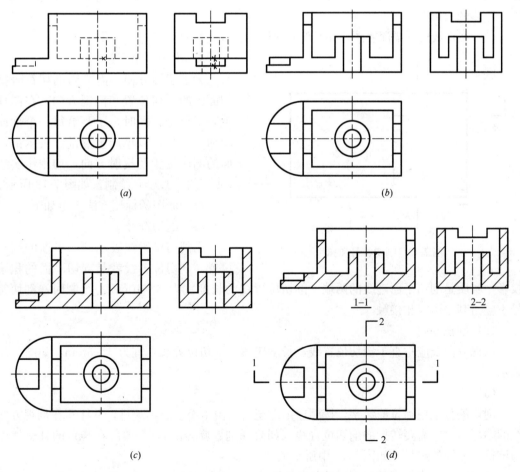

图 7-12　剖面图的作图步骤

（2）将内部的虚线改画成实线

剖开形体后，形体内部结构完全显露出来，原来视图内部的不可见轮廓线变为可见的轮廓线，所以内部虚线应变实线，如图 7-12（b）所示。

剩余虚线的处理（剖面区域后的轮廓线），按剖面的定义，形体剖切后，应画出剩余部分的投影，剩余部分的投影应分为两部分，一部分是剖面区域的投影，另一部分是剖面区域后可见轮廓线的投影。而剖面区域后不可见部分的投影，若不影响读图，不必画出，故剖面图原则上尽量不画虚线，如图 7-12（a）所示，擦去圆柱凸台后部的虚线。

（3）画材料图例符号

为使图样层次分明，并表现形体的材质，在剖面区域内，应画《国标》规定的材料图例符号，以区分被剖切到的实体和剖切后看到的投影轮廓。在不指明材料时，可采用通用剖面线（等距离的 45°方向细实线）代替材料符号，如图 7-12（c）剖面图所示。如图 7-16所示剖面图，按杯形基础的材料，在剖面区域内完成钢筋混凝土图例的填充。

（4）保持形体的完整

由于剖切是假想的，一个视图采用剖面剖切后，其他视图还必须按完整的形体画出。图 7-12 1—1 和 2—2 均采用了全剖面，但平面图仍然画出整个形体的投影，而不能只画出半个形体的投影。

（5）按图线要求描深底图，并对剖面图标注后得完整的剖面图，如图 7-12（d）所示。

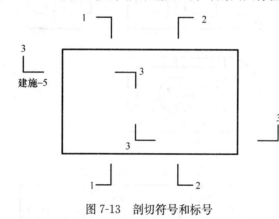

图 7-13　剖切符号和标号

3. 剖面图的标注

为了读图方便，需要用剖切符号把剖面图的剖切位置和剖视方向，在图样上表示出来，同时，还要给每一个剖面图加上编号，以免产生混乱。表示剖切面的剖切位置及投射方向，均用粗实线（线宽约 1-1.5b）绘制，如图 7-13 所示。

对剖面图的标注方法规定如下。

（1）剖切符号

用剖切位置线表示剖切平面的剖切位置，剖切位置线就是剖切平面的积聚投影，实质是剖切平面迹线的两端。剖切位置线的长度宜为 6~10mm。绘制时，剖切符号不应与其他图线相接触。

（2）剖视方向

剖视方向线应垂直于剖切位置线，长度应短于剖切位置线，宜为 4~6mm，如图 7-13表示。

（3）编号

剖切编号采用阿拉伯数字，按顺序由左至右，由下至上连续编排，并注写在剖视方向线的端部。对于需要转折的剖切位置线（如阶梯剖、旋转剖），一般应在转角的外侧加注与该符号相同的编号，如图 7-13 中所示的"3—3"。

建（构）筑物剖面图的剖切符号应注在±0.000 标高的平面图或首层平面图上，局部剖面图（不含首层）的剖切符号应注在包含剖切部位的最下面一层的平面图上。

（4）省略

当剖切面通过形体的对称面，且剖面图处在基本视图位置上时，可省略其标注。习惯性用的剖切位置（如房屋平面图中通过门、窗洞的剖切）符号和通过构件对称平面的剖切符号，可以省略标注。

（5）图名

在剖面图的下方和一侧，写上与该图相对应的剖切符号的编号，作为该图的图名，如"1—1"，"2—2"，…，并在图名下方画上一条与图名等长的粗实线，如图7-11（b）中的1—1和2—2剖面图。

4. 材料图例

在剖面图中，规定要在剖切平面截切形体形成的断面上画出建筑材料图例，以区分断面（剖到的）和非断面（未剖到的）部分。各种建筑材料图例的绘制必须遵照《国标》的规定，不同的材料用不同的图例，部分材料图例见表7-1。

常用建筑材料图例 表7-1

序号	名称	图例	备注
1	自然土壤		包括各种自然土壤
2	夯实土壤		
3	沙、灰土	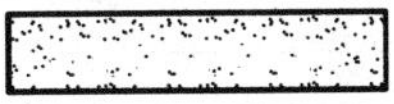	
4	沙砾石、碎砖三合土	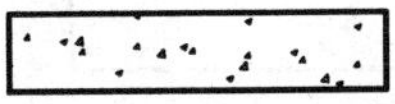	
5	石材	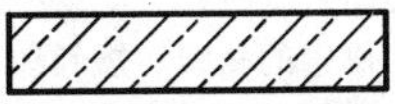	
6	毛石	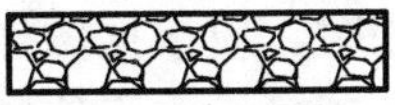	
7	普通砖	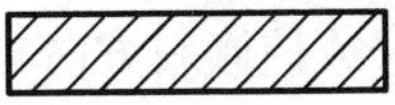	包括实心砖、多孔砖、砌块等砌体。断面较窄不易绘出图例线时，可涂红，并在图纸备注中加注说明，画出该材料图例
8	耐火砖		包括耐酸砖等砌体
9	空心砖	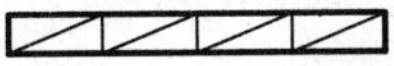	指非承重砖砌体
10	饰面砖	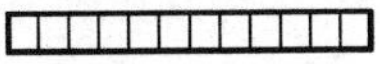	包括铺地砖、马赛克、陶瓷锦砖、人造大理石等
11	混凝土		1. 本图例指能承重的混凝土 2. 包括各种强度等级、骨料、添加剂的混凝土 3. 在剖面图上画出钢筋时，不画图例线 4. 断面图形小，不易画出图例线时，可涂黑
12	钢筋混凝土		

序号	名称	图 例	备 注
13	多孔材料		包括水泥珍珠岩、沥青珍珠岩、泡沫混凝土、非承重加气混凝土、软木、蛭石制品等
14	纤维材料		包括矿棉、岩棉、玻璃棉、麻丝、木丝板、纤维板等
15	木材	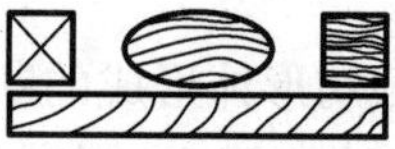	1. 上图为横断面，左上图为垫木、木砖或木龙骨 2. 下图为纵断面
16	金属	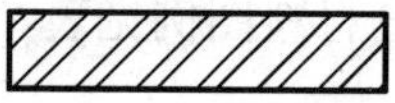	1. 包括各种金属 2. 图形小时，可涂黑
17	玻璃		包括平板玻璃、磨砂玻璃、夹丝玻璃、钢化玻璃、中空玻璃、夹层玻璃、镀膜玻璃等
18	防水材料		构造层次多或比例大时，采用上面图例
19	石膏板	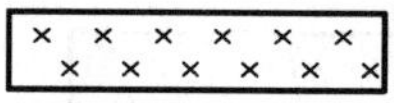	包括圆孔、方孔石膏板、防水石膏板、硅钙板、防火板等

注：序号 1、2、5、7、8、12、13、15、16 图例中的斜线、短斜线、交叉斜线等倾斜角度均为 45°。

常用建筑材料的图例画法，在使用时，应根据图样大小而定，并应注意下列事项：图例线应间隔均匀，疏密适度，做到图例正确，表示清楚；不同品种的同类材料使用同一图例时（如某些特定部位的石膏板必须注明是防水石膏板时），应在图上附加必要的说明；两个相同的图例相接时，图例线宜错开或使倾斜方向相反，两个相邻的涂黑图例间应留有空隙。其净宽度不得小于 0.5mm。

画出材料图例，还可以使人们从剖面图就知道建筑物使用的是哪种材料，如图 7-16 和图 7-22 的断面上所画的是钢筋混凝土的图例。在不需要指明材料时，可以用等间距、同方向的 45° 细斜线来表示断面。

7.2.3 剖面图的种类

《国标》规定：按形体被剖切的范围与方式不同，剖面可分为全剖面、半剖面、局部剖面三种形式。画剖面图时，针对建筑形体的不同特点要求，采用不同的剖切及剖切范围。

1. 全剖

当剖切面完全地剖开形体所得剖面图称为全剖面图，如图 7-10 所示。

全剖面图主要用于表达内部形状复杂且不对称的形体，或形体内外形状对称但外形简单的形体，如图 7-11（b）所示。

当形体内部结构比较复杂，层次较多，用单一剖切面不能同时表现形体内部的所有结构时，全剖面图还可以采用两个或两个以上互相平行的剖切面，或采用两个或两个以上相交的剖切面完全剖开形体。图 7-19 为采用两个互相平行的剖切面剖切形体获得的全剖面图，图 7-20 为采用两个相交的剖切面剖切形体获得的全剖面图。

2. 半剖

当形体的内外部结构都具有对称性（左右或前后或上下）时，在垂直于对称平面的投影面上投影的图形，可以画出由半个外形投影图和半个内部剖面图拼成的图形，同时表示形体的外形和内部构造，这种剖面图称为半剖面图。例如图 7-14 所示的基础，画出了半个正面投影以表示基础的外形轮廓线，另外配上半个相应的剖面图表示基础的内部构造。

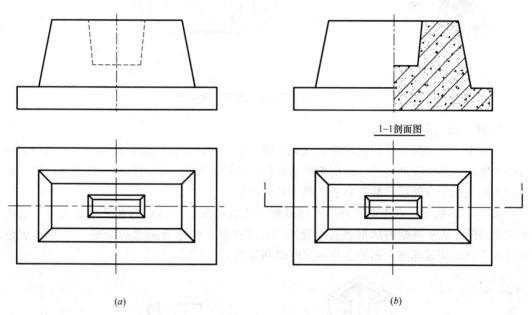

1–1剖面图

(a)   (b)

图 7-14 基础的半剖剖面图

(a) 基础的投影图；(b) 由半剖的剖切方法产生的半剖剖面图

图 7-9 所示的工程设备形体由于前后对称，也可以由经图 7-15 (a) 所示的剖切过程画成半剖面图 2-2，如图 7-15 (b) 所示。

画半剖面要注意以下几点：

(1)《国标》规定半个剖面与半个视图的分界线应画点画线，如果作为分界线的点画线刚好与图形轮廓重合，则应避免采用半剖面，而采用局部剖面。

(2) 由于半剖面的图形对称，形体的内部结构在半个剖面上已经表达清楚，则表示外形的半个视图上不再画表示内部结构的虚线。

(3)《国标》规定：半个视图可放在对称线以左，半个剖面放在对称线以右；如果形体的前后有对称面，平面图采用半剖面，可将半个剖面放在对称线之前，半个视图放在对称线之后。

(4) 如果形体具有两个方向对称平面时，半剖面的标注可以省略，如图 7-16 (b) 所示。如果形体只有一个方向的对称面时，半剖面必须标注，标注方法同全剖面图，如图 7-15 (b) 剖面图 2-2 所示。

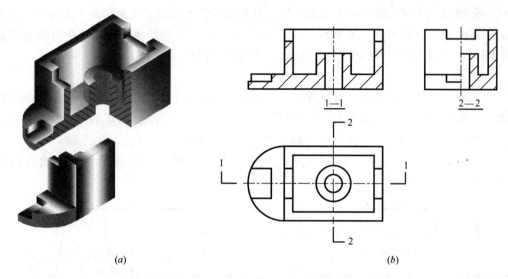

(a)
(b)

图 7-15　工程形体的剖面图（含半剖）

3. 局部剖

当完全剖开建筑形体后它的外形就无法清楚表达时，可以保留原投影图的大部分，而只将形体的局部画成剖面图。用剖切面剖开形体的局部所得的剖面图称为局部剖面图。局部剖面图适用于内外形状都需要表达的不对称图形。

如图 7-16 所示，在不影响杯形基础外形表达的情况下，将它的水平投影的一个角落画成剖面图，表示基础内部钢筋的配置情况；这种剖面图称为局部剖面图。图 7-20 也是通过局部剖切使过滤池左侧的方孔的宽度得到反映。

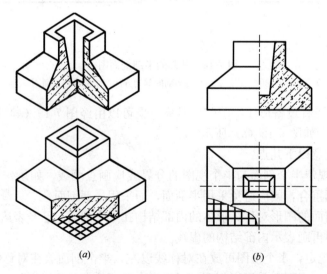

(a)
(b)

图 7-16　杯形基础的局部剖面图
（a）杯形基础的轴测图；（b）由局部剖的剖切方法产生的剖面图

按《国标》规定，外形投影图与局部剖面之间，要用徒手画的波浪线分界。由于局部剖面的大部分仍为表示外形的视图，且又放在基本视图的位置上，一般不需另行标注。

局部剖面在建筑专业图中常用来表示多层结构所用材料和构造的做法，按结构层次逐层用波浪线分开，这种剖面称为分层局部剖面，如图 7-17 所示。这种剖面图多用于表达楼面、地面和屋面各层所用的材料和构造的做法。

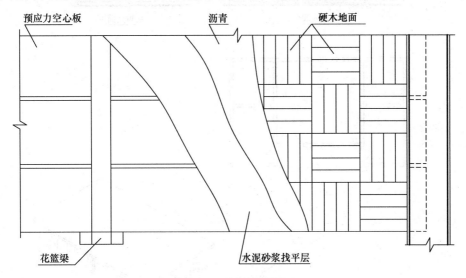

图 7-17　分层局部剖面

三种剖面图综合比较：全剖面图能清楚地表达形体内部结构，但同时影响了外部形状的表达；半剖面弥补了全剖面的不足，能同时表达形体的内外形状，但半剖面必须用于对称形体，也有很大的局限性。无论形体是否对称，无论剖切面通过什么位置、剖切多大范围，均可根据需要灵活运用局部剖面来同时表达形体的内外形状，但过多的使用会影响图形的整体性。总而言之，正确使用剖面，将使形体的表达更清晰、合理，并方便读图。

7.2.4　几种常用的剖切方法

无论是全剖面图、半剖面图还是局部剖面图，它们都是用剖切的方法形成的。如果按剖切平面数量的多少和相对位置来分，剖切方法可分为单一剖、旋转剖和阶梯剖三种。

1. 单一剖切面剖切

剖切只用一个剖切面（但必要时同一个形体可作多次剖切）剖开形体的方法称为单一剖。如图 7-18（*a*）所示的房屋，为了表示它的内部布置，假想用一水平的剖切平面，通过门、窗洞将整栋房屋剖开，然后画出其整体的剖面图。不过这种水平剖切的剖面图，在房屋建筑图中称为平面图，如图 7-18（*b*）中 1—1 所示。

2. 几个平行的平面剖切——阶梯剖

若一个剖切平面不能将形体上需要表达的内部构造一起剖开时，可将剖切平面转折成两个（或两个以上）互相平行的平面，将形体沿着需要表达的位置剖开，然后画出剖面图。这种剖面图，称为阶梯剖面图。

如图 7-19 中水池的 1—1 剖面图，如果只用一个平行于 *V* 面的剖切平面，就不能同时剖开水池前后方不同位置和形状的孔，这时可将剖切平面转折一次，使一个平面剖开水池左后方的方孔，另一个与其平行的平面剖开水池右前方的圆孔。这样，水池底部的两个孔

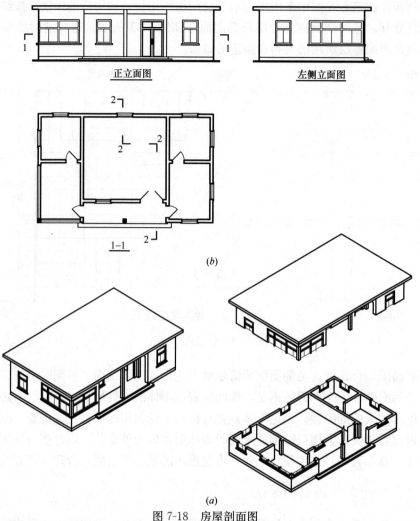

正立面图 　　　　　　　　　　　 左侧立面图

1—1

(b)

(a)

图 7-18　房屋剖面图

(a) 房屋实体模型；(b) 房屋图样

的大小和深度都得到了表达。

采用两个以上剖切面时，要标注剖切面与转折面的位置，并标注与图名对应的编号。转折位置的编号标注在转角处，如图 7-19、图 7-20 所示。采用两个以上剖切面剖切形体时，应避免剖切后出现不完整形体。剖切面的转折位置也应避免与轮廓线重合。

采用两个互相平行的剖切面剖切形体，画剖面图时仍假想按单一剖切面完全剖开形体来对待，即不画转折平面的投影。阶梯剖切平面的转折处，在剖面图上规定不划分界线，应避免如图 7-19 (c) 中的 1—1 剖面图的错误示范。

3. 几个相交剖切面剖切——旋转剖

如图 7-20 所示的形体的 V 投影，是用两个相交的剖切平面 P 和 R，沿 1—1 位置将池壁上不同形状的孔洞剖开，然后使其中平面 R 剖切形体得到的剖面图，绕两剖切平面的交线旋转到剖切平面 P（一般平行于基本投影面）的位置，与平面 P 剖切形体得到的剖面图一起向 P 所平行的基本投影面投射，所得的投影面称为旋转剖面图。对称形体的旋转剖面，实际上是由两个不同位置的剖面拼成的全剖面图。

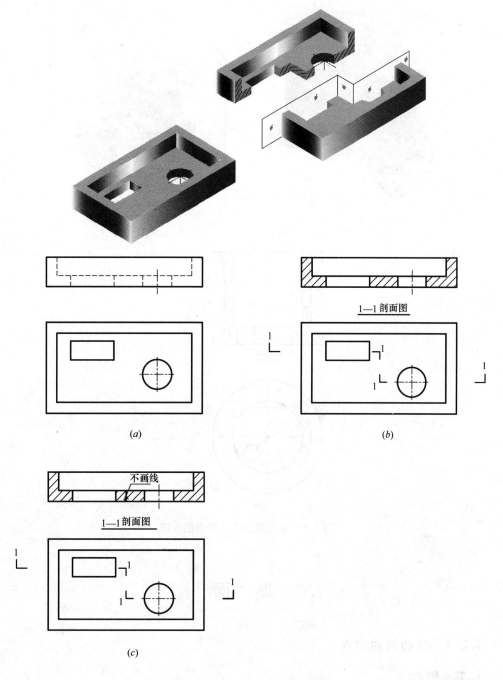

(a)

1—1 剖面图

(b)

不画线

1—1 剖面图

(c)

图 7-19　由阶梯剖产生的全剖面图

(a) 水池的投影图；(b) 由阶梯剖的剖切方法产生的全剖面图；(c) 错误示范

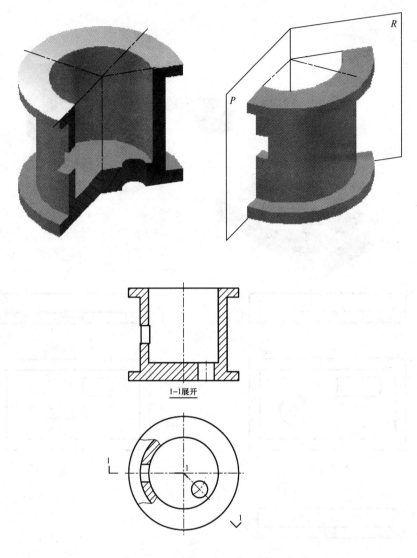

图 7-20 由旋转剖产生的全剖面图

7.3 断　面　图

7.3.1 断面图的形成

1. 基本概念

假想用剖切面将形体的某处切断，仅画出该剖切面与形体接触部分的图形（剖面区域），并在其内画上材料图例符号，这种图形称为断面图，简称断面，如图 7-21（b）所示。

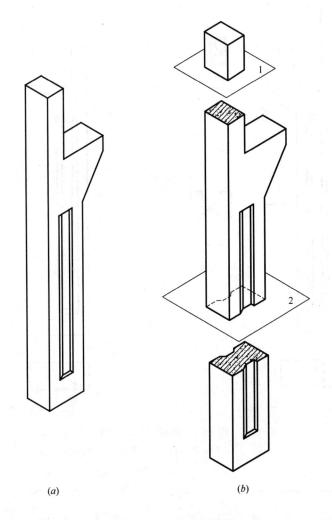

(a)   (b)

图 7-21　断面图的产生过程

(a) 柱子的外形图；(b) 断面及断面图产生示意图

2. 断面图与剖面图的区别

(1) 断面图只画出形体被剖开后断面的实形，如图 7-22 (a) 的 1—1 断面、2—2 断面所示；而剖面图要画出形体被剖开后整个余下部分的投影，如图 7-22 (b) 所示，除了画出断面外，还画出牛腿的投影 (1—1 剖面) 和柱脚部分投影 (2—2 剖面)。

(2) 剖面图是被剖开的形体的投影，是体的投影，而断面图只是一个断面 (平面) 的投影，是面的投影。被剖开的形体必有一个断面，所以剖面图必然包含断面图在内。断面图虽然属于剖面图中的一部分，但一般单独画出。

(3) 剖切符号的标注不同。断面图的剖切符号只画出剖切位置线，不画剖视投射方向线，而用编号的注写位置来表示投射方向。编号写在剖切位置线下侧，表示向下投影，注写在左侧，表示向左投射。

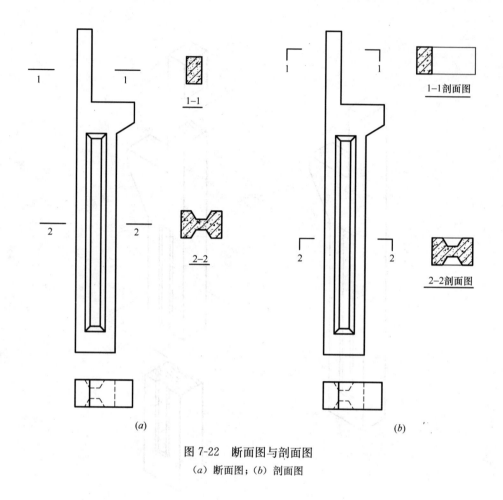

图 7-22　断面图与剖面图

(a) 断面图；(b) 剖面图

7.3.2　断面图的标注

断面的剖切符号应符合下列规定：

（1）断面的剖切符号应只用剖切位置线表示，并应以粗实线绘制，长度宜为 6～10mm。

（2）断面剖切符号的编号宜采用阿拉伯数字，按顺序连续编排，并应注写在剖切位置线的一侧；编号所在的一侧应为该断面的剖视方向，如画在剖切位置线的下面就表示向下方投影，如图 7-22 所示。

（3）剖面图或断面图，如与被剖切图样不在同一张图内，应在剖切位置线的另一侧注明其所在图纸的编号，也可以在图上集中说明。

7.3.3　断面图的种类与画法

断面图根据布置位置的不同可分为移出断面图、重合断面图、中断断面图。

1. 移出断面

位于基本视图之外的断面图，称为移出断面。当移出断面图是对称的、它的位置又紧靠原来视图而并无其他视图隔开，即断面图的对称轴线为剖切平面迹线的延长线时，也可省略剖切符号和编号，如图 7-23 所示。

梁、柱等构件比较长，断面形状比较复杂，常采用移出断面。一个形体需要同时画几个断面图表达时，可将断面图整齐地排列在视图的周围，并可用较大比例画出。

2. 重合断面

重叠在基本视图轮廓之内的断面图，称为重合断面图，图 7-24 所示的角钢是平放的，假想把切得的断面图绕铅垂线从左向右旋转后重合在视图内而成。

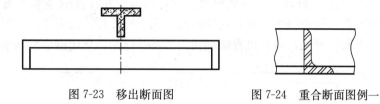

图 7-23　移出断面图　　　　　　　图 7-24　重合断面图例一

图 7-24 的重合断面表达了角钢的断面形状；图 7-25 的重合断面表达了立柱的横截面形状；图 7-26 的重合断面表达了墙面装修效果；图 7-27 的重合断面表达了钢筋混凝土屋顶结构的横截面形状。

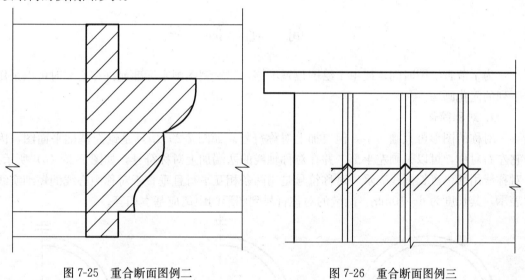

图 7-25　重合断面图例二　　　　　　图 7-26　重合断面图例三

断面形状比较简单，可采用重合断面。重合断面比例要与基本视图一致。重合断面不需要标注。在土建图中表示断面的轮廓线应画粗一些，如图 7-26 所示。为了表达明显，机械图中表示断面的轮廓线应画细一些，重合断面图轮廓线用细实线画出，以区别于基本视图的轮廓线，如图 7-24 所示，原来视图中的轮廓线与重合断面图的图形重合时，视图中的轮廓线仍应按完整画出，不应间断，角钢的断面部分画上钢材的图例。

重合断面的断面轮廓有闭合的，如图

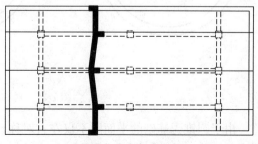

图 7-27　重合断面图例四

7-24 和 7-25 所示；也有不闭合的，如图 7-26 所示；但均应在断面轮廓内侧加画通用剖面线（45°方向的斜线），如图 7-26 所示。也有些重合断面的尺寸比较小，其轮廓内可以涂黑，如图 7-27 所示。

3. 中断断面

布置在视图中断处的断面图，称为中断断面图。绘制细长构件时，常把视图断开，并把断面图画在中间断开处。

如图 7-28 所示的较长杆件，其断面形状相同，可假想在杆件的基本视图中间截去一段后，再把断面布置在视图的中断处，这种断面适用于较长杆件的表达。中断断面图是直接画在视图内的中断位置处，因此也省略剖切符号及其标注，且比例应与基本视图一致。

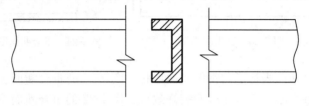

图 7-28　中断断面图示例

7.4　简　化　画　法

为了节省绘图时间，或由于绘图位置不够，建筑制图国家标准允许在必要时可以采用下列的简化画法。

1. 对称简化

对称的图形可只画一半，但要加上对称符号。如图 7-29（a）是锥壳基础平面图，因它左右对称，可以只画左半部，并在对称轴线的两端加上对称符号，如图 7-29（b）所示。对称线用细单点长画线表示。对称符号是用两条相互平行且垂直于对称中心线的短细实线表示，其长度为 6～10mm。两端的对称符号到图形的距离应基本相等。

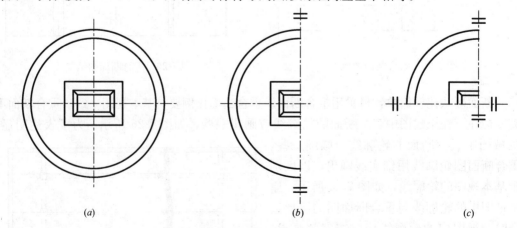

(a)　　　　　　　　　　(b)　　　　　　　　　　(c)

图 7-29　对称图形的画法一

由于圆锥壳基础的平面图不仅左右对称，而且前后对称，因此还可以进一步简化，只画出其四分之一，也同时需增加一组水平的对称符号，如图 7-29（c）所示。

对称的图形可只画一大半（稍稍超出对称线之外），然后加上用细实线画出的折断线或波浪线，如图 7-30（a）的木屋架图和图 7-30（b）的形体。注意，此时不需加对称符号。

对称的构件需要画剖面图时，也可以用对称线为界，一边画外形图，一边画剖面图。这时需要加对称符号，如图 7-30（c）所示的杯形基础。

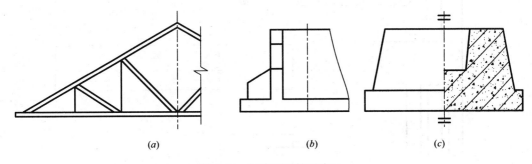

图 7-30　对称图形的画法二

2. 相同要素简化

如果建筑物或构配件的图形上有多个完全相同且连续排列的构造要素，可以仅在排列的两端或适当位置画出其中一两个要素的完整形状，然后画出其余要素的中心线或中心线交点，以确定它们的位置，例如图 7-31（a）中的混凝土空心砖和图 7-31（b）的预应力空心板，图 7-31（c）是一段砌上 8 件木花格的围墙，图上只需画出其中一个花格的形状就可以了。

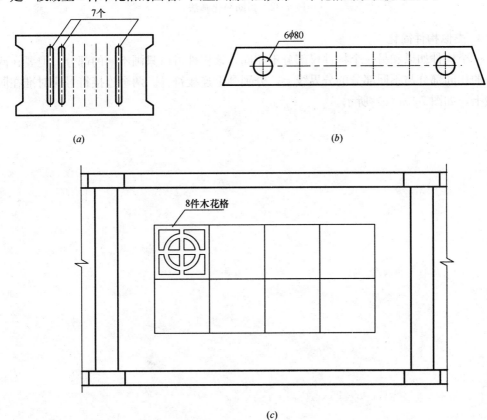

图 7-31　相同要素简化画法

3. 长件短画

较长的杆状构件，可以假想将该构件折断其中间一部分，然后在断开处两侧加上折断线，如图 7-32（a）所示的柱子。

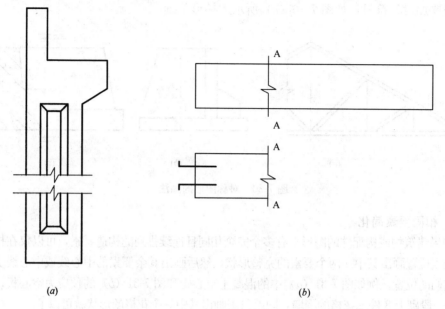

图 7-32　折断简化画法

4. 类似构件简化

一个构件如果和另一个构件仅部分不相同，该构件可以只画不同的部分，但要在两个构件的相同部分与不同部分的分界线上，分别画上连接符号。两个连接符号应对准在同一条线上，如图 7-32（b）所示。

第8章 建筑施工图

8.1 概　述

建筑是人们生活和生产的空间环境。建筑主要指建筑物，其次为构筑物。建筑物是供人们生产、生活及其他活动空间的建筑；而人们不能直接在其内部进行某种活动的设施一般称为构筑物，如烟囱、围墙、堤坝等建筑。

为建筑物外部、内部的形状、构造、施工要求、装修装饰等所设计和绘制的图样与文字称为建筑施工图，如图8-1所示。

8.1.1　建筑的类型

房屋建筑是人类生产、生活的重要场所。仅按建筑物使用性质，将其分为民用建筑（如住宅，见图8-2，宿舍、学校、医院、商场、车站、影剧院等）、工业建筑（如生产厂房，见图8-3）、贮藏室（仓库）、动力站（锅炉房，见图8-4）、农业建筑（如温室，见图8-5，粮仓、拖拉机站）等。

8.1.2　房屋的组成及作用

各种房屋建筑无论其功能如何，一般都是由基础、墙、柱、楼面（楼层板）、屋面（屋顶）、楼梯、门窗和其他构件如阳台、雨篷、台阶等组成。它们处于建筑的不同部位，各自发挥不同的功能和作用，如图8-6所示。

基础——建筑物最下部的承重构件。承受建筑物的全部荷载，并把全部荷载传递给地基。

墙——建筑物的承重构件和维护构件。它承受着建筑物由屋顶及各楼层板传来的荷载；同时，作为维护构件，外墙能抵御自然界各种风沙雨雪对室内的侵袭，内墙则可分隔空间、组织房间、隔声阻光。

柱——主要承受其上方结构的荷载，因为对框架结构的建筑物而言，墙主要起维护作用。

梁——主要承受水平力或弯矩、抗剪及拉力。对框架结构的梁而言，混凝土主要承受压力，钢筋承受拉力。

楼层板——水平方向的承重构件，用来分隔楼层空间，并承受人、家具、设备等的荷载。

地层——是底层房间与土壤的隔离构件，除承受作用在其上的荷载外，应具有防潮、防水、保温等功能。

楼梯——楼房建筑的垂直交通设施。

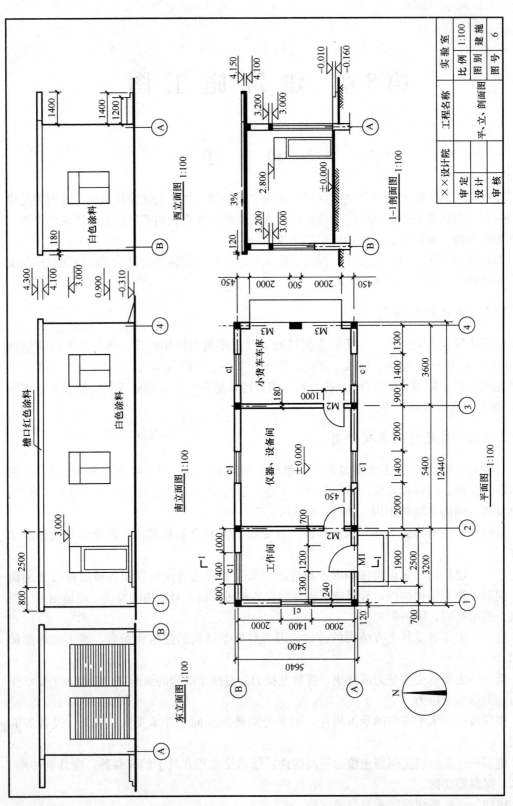

图 8-1 较简单的建筑施工图举例

图 8-2 住宅

图 8-3 厂房

图 8-4 锅炉房及构筑物烟囱

图 8-5 温室

屋面——房屋顶部的围护构件和承重构件，它应具有坚固耐用、防水、保温、隔热等功效。

门窗——通行、通风、采光、观瞻、分隔围护及内外联系功能。它们均属非承重构件。

8.1.3 房屋建筑施工图的产生过程

房屋的建筑施工是复杂的物质生产过程，首先设计再施工。整个设计过程必须按国标中的专业规定进行，全面调查研究、全盘考虑、认真细致地绘制每一张图样。

建筑设计过程需要不同专业人员共同合作，一般分为初步设计、技术设计、施工图设计三个阶段。

初步设计阶段：设计人员根据建设部门提出的具体任务和要求，首先应进行实地考察，了解该建设项目所处的地形、气象等条件，收集必要的设计资料，提出初步设计方案，绘制出平面、立面、剖面图及总平面图。初步设计阶段的图形表达手段比较灵活，比如可以在平面图上用单线线条表示墙；立面图上加绘阴影渲染；制作三维效果图等，以此表达出设计意向。初步设计阶段还应完成工程概算书、技术经济分析等文件。初步设计方案需经有关部门审查、批准后方能进入技术设计阶段。

技术设计阶段：根据报批获准的初步设计方案，在项目负责人的主持下，对工程进行专业之间的技术协调，发现问题妥善处理。这阶段的设计方案图被称为技术设计图。显然，技术设计过程使初步设计进入具体化阶段，为绘制建筑施工图做准备。较大的建筑项目技术设计方案仍需有关部门审批，而多数中、小型建筑工程此过程均省略，往往放在初步设计阶段完成。

施工图设计阶段：主要依据报批获准的技术设计方案，并在此基础上要求建筑、结构、设备等专业完成各自详尽的设计图样，将施工中所需要的具体要求都全部地明确地反

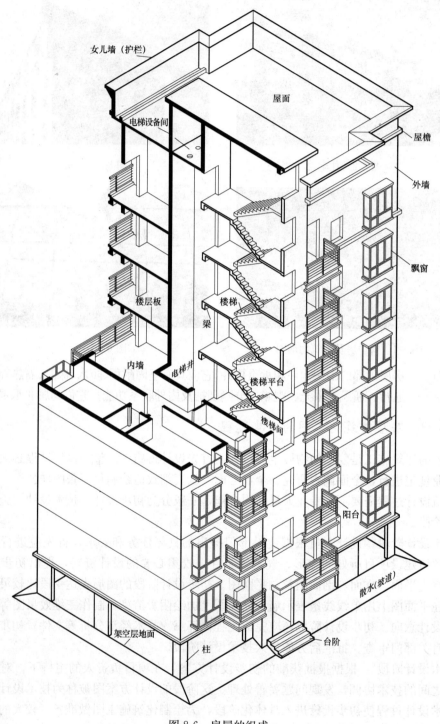

女儿墙（护栏）

屋面

电梯设备间

屋檐

外墙

飘窗

楼层板

楼梯

梁

内墙

电梯井

楼梯平台

楼梯间

阳台

散水（坡道）

架空层地面

柱

台阶

图 8-6　房屋的组成

映到施工图中，使工程对象在各自专业图中表达清楚，真正成为施工、监理、监督的重要依据。房屋建筑施工图需报有关部门审批并存档。

8.1.4 房屋建筑施工图的内容

房屋建筑施工图必须遵守各专业的相关设计标准，具体绘制必须遵守《房屋建筑制图统一标准》。

一套完整的房屋建筑施工图，均应包括图样目录、设计总说明、建筑施工图、结构施工图、设备施工图等。

（1）图纸目录：图纸目录又称标题页，编制图纸目录的目的是为便于查找图纸。

（2）设计总说明：是建筑施工图主要的文字部分。目的是说明在建筑施工图上未能详细表达或不易用图形表示的具体内容，如建筑面积、造价、设计依据、用料选择、数量统计、照明标准等。设计总说明一般放在一套施工图的首页，所以又叫建筑首页。设计总说明有时包括结构和设备施工图中的专业说明，有时分别进行。

（3）建筑施工图（简称建施）：主要表达建筑物的内外总体布局，形状、构造；内外装饰标准；施工要求标准等。其相应的图样包括总平面图、平面图、立面图、剖面图、详图、门窗表等。

（4）结构施工图（简称结施）：主要表示房屋承重结构的布置情况，形状、大小、所用材料、构造做法等。其相应的图纸包括基础图、结构布置平面图、各构件的结构详图，如柱、梁、板、楼梯、雨篷等。

（5）设备施工图（简称设施）：包括给水排水设备施工图；冷暖、通风设备施工图；电气照明及部分弱电项目施工图；各种管线布置及接线原理图、系统图等。

（6）装修施工图：对有较高装修标准的建筑物单独绘制，一般不包括在建筑施工图范畴。

8.1.5 建筑施工图特点

施工图对建设项目而言负有质量、效果、技术等法律责任，因此，施工图设计需严肃认真，一丝不苟。

施工图设计必须尊重既定的基本构思，如有较重大的改动，应考虑调整初步设计方案，或重新进行方案设计。

现代建筑涉及许多领域除传统内容外，还要考虑绿色环保、建筑节能等环节，各工种、各专业之间必须通过反复磋商协调，才能形成一套比较可靠、经济、精确、施工方便的施工图。

8.1.6 建筑施工图图示特点

（1）施工图中各图样，主要依据正投影原理绘制。并在 H 面上绘制平面图、在 V 面上绘制立面图、在 W 面上绘制剖面图或侧立面图，以上平面图、立面图、剖面图作为施工图中的核心图样，常被简称为"平、立、剖"。在图幅大小合适的情况下它们应画在同一张图纸上，并尽量保持"三等关系"。

（2）因房屋形体庞大，施工图常采用缩小比例绘制，如 1:100、1:200 等。对于房屋的某些构件、配件、施工要求较复杂的结构和部位需要绘制详图，它们的绘制比例一般用 1:50、1:20、1:1 等。施工图比例的选择应参考国标中比例系列。

（3）正确选择施工图线型和线宽，以满足视觉思维的需求，分清建筑物主次轮廓关系，使图面结构分明、整洁清晰。

（4）施工图常采用国标中的规定画法和图例，目的是简化绘图便于读图，如标高符号、卫生设备、建筑构配件图例等。

（5）在施工图中，许多构配件的设计已经定型，并有标准设计图（通用图集）供参考使用。从层次上图集分为国家标准图集、地方标准图集；从种类上图集分为整幢建筑的标准图集及当前大量使用的建筑构配件标准图集。绘制施工图时，在采用国家标准定型设计之处，标出标准图集的编号、图号即可。

8.1.7　阅读建筑施工图

阅读建筑施工图的前提条件是，必须掌握正投影原理及方法，并能熟练应用剖面、断面技巧绘制和阅读组合体视图，有较好的三维空间想象能力，有一定的实践经验。

总之，要读懂施工图，应具备以下几点。

（1）掌握基本的投影原理和形体的表示法。

（2）熟悉施工图中的常用图例、符号、线型、尺寸、比例等的重要意义。

（3）对初学者来讲，应学会利用身边的建筑物仔细观察感悟其中奥妙，了解其构造组成，为以后学习专业知识服务。

（4）熟悉相关国标内容。

阅读施工图时，应首先根据图样目录把全部图样大致通读一遍，以便了解工程项目的建设地点、周边环境、建筑特点、建筑规模与形状等主要内容。然后，再深入仔细阅读。阅读过程应按先文字说明后图样、先整体后局部、先图形后尺寸等读图经验进行。

8.2　建筑施工图中常用的符号

8.2.1　定位轴线

在施工图中，凡承重墙、柱子、大梁或屋架等主要承重构件，都应画出轴线来确定它们的位置，建筑物的定位轴线是施工放线的重要依据，如图 8-7 所示。其画法及编号规定是：

（1）定位轴线采用细点画线表示。

（2）定位轴线需要编号。在水平方向也就是从左向右的编号采用阿拉伯数字，由左向右依次注写，并称为横向定位轴线。在垂直方向也就是从下向上竖直方向的编号采用大写拉丁字母从下向上顺序注写，并称为纵向定位轴线。轴线编号一般标注在图的下方及左侧，如图 8-7 所示。

（3）标注定位轴线所用的拉丁字母 I、O 及 Z 三个字母不得为轴线编号。

（4）轴线编号的圆圈直径为 8mm，用细实线画出，如图 8-8（a）所示。

（5）在两个轴线之间，如有附加轴线时，编号可用分数表示，分母表示前一轴线的编号，分子表示附加轴线的编号，用阿拉伯数字顺序编写。其表示方法如图 8-8（b）所示，其中左图表示编号 2 轴线后面有一条附加轴线，右图表示在 D 轴线后附加了第 2 条轴线。

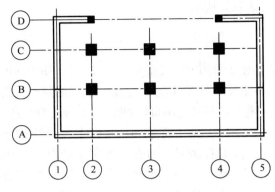

图 8-7 定位轴线的编号顺序

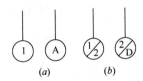

图 8-8 轴线
(a) 定位轴线；(b) 附加轴线

8.2.2 标高

在建筑工程中标注建筑物高度的尺寸数字称做标高，在建筑工程制图标准中，规定了它的标注方法。

在建筑工程上使用的标高有绝对标高和相对标高两种。

绝对标高：我国把青岛附近黄海海平面某处的验潮湖定为绝对标高的零点，其他各地标高以此作为基准。

相对标高：为了简便，在房屋建筑设计与施工图中一般都采用假定的标高，并且把房屋的首层室内地面的标高定为该工程相对标高的零点，在建筑施工图上主要标注相对标高。在总平面图上，相对标高零点对应的绝对标高值如 $\pm0.000=40.500$ 即房屋在室内首层地面的绝对标高是 40.500m。本教材相对标高基准为架空层楼梯间地面。

（1）标高符号：

1）三角形的两斜边与水平线成 45°，三角形的高为 3mm，其水平线长度一般以注写标高数字时确定，如图 8-9（a）所示。

2）总平面图上的标高符号用涂黑三角形表示，并一般为绝对标高，如图 8-9（b）所示。

（2）标高注写方法：

1）标高数字以米为单位，一般数值标注至小数点以后第三位。在总平面图中，可注写到小数点以后第二位。

2）零点的标高注为 ±0.000，正数标高数字前一律不加正号，如 3.000、0.500。负数标高数字前必须加注负号，如 -1.500、-0.300。

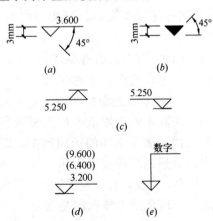

图 8-9 标高符号及其标注方法

（3）标高符号的尖端可以向上或向下指。注写数字的位置如图 8-9（c）所示。

（4）在一个工程图中，如同时表示几个不同的标高时可重叠标注，其标注方法如图 8-9（d）所示。

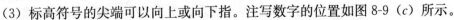

（5）特殊情况时的标高标注方式如图 8-9（e）所示。

8.2.3 索引符号与详图符号

在施工图上使用索引符号及详图符号，是便于看图时查找相互有关的图纸，如图样中的某一局部或构件，需另见详图时应以索引符号来反映图纸间的关系。索引符号的圆圈及直线均以细实线绘制。圆圈的直径为 10mm，索引符号应按规定编写，如图 8-10（a）、（b）所示。

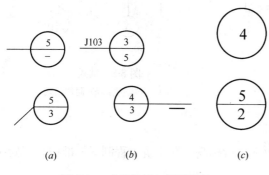

图 8-10 索引符号与详图符号

索引符号中，写在上半圆的数字为详图编号；写在下半圆中的数字为该详图所在图纸编号，若下半圆是细实线短划，则表示该详图在本张图纸上，如图 8-10（a）所示。图 8-10（b）中，上面索引符号 J103 为标准图册代号；图 8-10（b）中，下面索引符号用于局部剖面详图索引，并画有用粗实线表示的剖切位置符号。

详图符号的圆用粗实线绘制，其直径为 14mm。当详图与被索引的图样在一张图纸内时，应在详图符号内注明详图编号，如图 8-10（c）之上图所示；当详图与被索引的图样不在一张图纸内时，应在上半圆注明详图编号，下半圆注明被索引图纸编号，如图 8-10（c）之下图所示。

8.2.4 指北针与风向频率玫瑰图

指北针用细实线绘制，其外圆直径为 24mm，指针尾部宽 3mm，针尖方向为北，并在针尖上方写上"北"（国内一般写"北"，涉外项目标注"N"），如图 8-11（a）所示。

风向频率玫瑰图，简称风玫瑰图，如图 8-11（b）所示。是根据当地全年风向资料绘制，在其十六个罗盘方位上用粗实线围成的折线图表示全年的风向频率，距离罗盘中心最远的折线交点表示一年之间刮

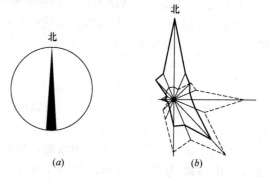

图 8-11 指北针与风向频率玫瑰图

风天数最多，因此，称当地常年主导风向，如图 8-11（b）中的最北点说明，该风玫瑰图所代表的当地常年主导风向是北风。图中用虚折线表示当地夏季六、七、八月的风向频率。

8.2.5 多层构造引出线的标注

多层构造共用引出线，应通过被引出的各层。相关文字说明注写在水平引出线的上方或端部，说明的顺序由上至下必须与被说明的层次由上至下一致，如图 8-12（a）所示；被说明的结构层次如果是由左至右的，注写顺序仍然是由上至下，如图 8-12（b）所示。

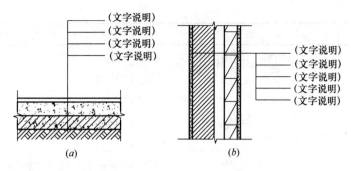

图 8-12　多层构造引出线的标注

8.3　总　平　面　图

首先了解一些常见的总平面图图例，见表 8-1。

部分总平面图例 表 8-1

名称	图　例	说　明
新建建筑物		1. 轮廓为粗实线 2. 涂黑三角形表示出入口 3. 右上角点数或数字表示层数
原有建筑物		用细实线绘制
计划扩建的预留地或建筑物		用中虚线绘制
拆除的建筑物		用细实线绘制
铺砌场地		外轮廓中实线内细实线
敞棚或敞廊		用细实线绘制
围墙及大门		围墙和大门 上图为实体形式，下图为通透式
挡土墙		被挡的土在粗虚线一侧
填挖边坡		1. 此符号在边坡较长时，可在一端或两端表示 2. 符号下边的线为虚线时为填方

名称	图例	说明
护坡	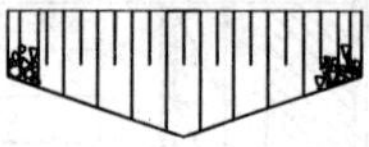	
室内标高	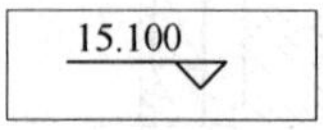 15.100	底层建筑的绝对标高
室外标高	 14.300	室外标高，也可以采用等高线表示
道路	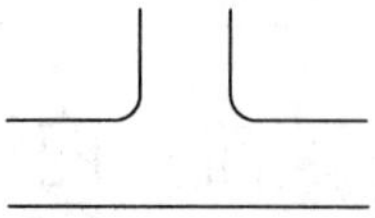	用细实线
计划扩建的道路		用中虚线
拆除的道路	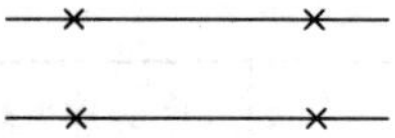	
人行道	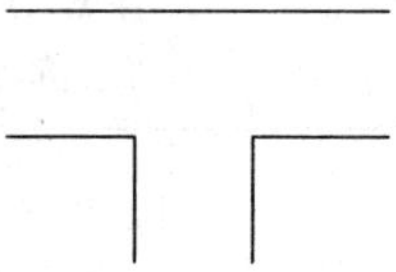	
台阶	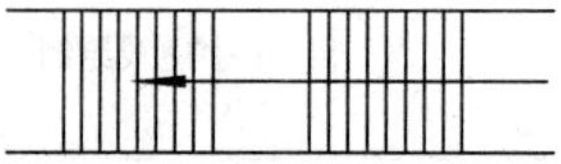	箭头指向上
测量坐标	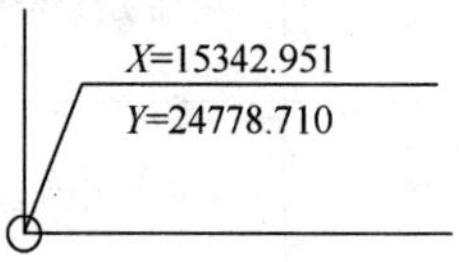 $X=15342.951$ $Y=24778.710$	X 为南北方向 Y 为东西方向
施工坐标	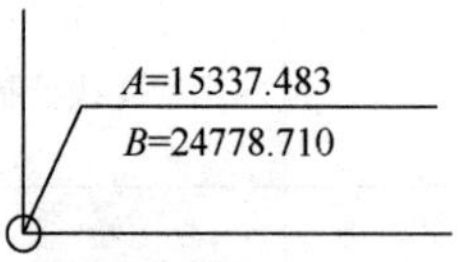 $A=15337.483$ $B=24778.710$	A 为南北方向 B 为东西方向
桥梁	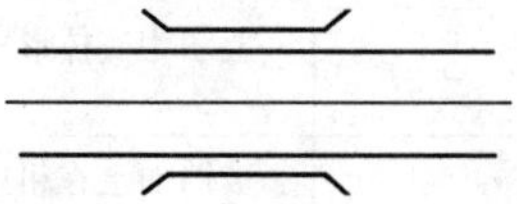 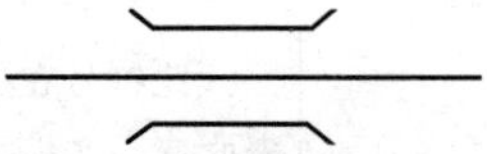	上图为公路桥 下图为铁路桥
雨水口		

名称	图　例	说　明
冷却塔（池）	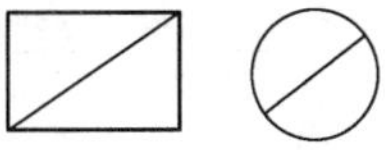	中实线、应注明塔（池）
水池、坑槽	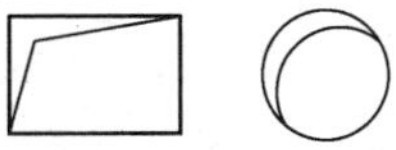	在原有轮廓上加细实线
花卉		
针叶乔木		
阔叶乔木	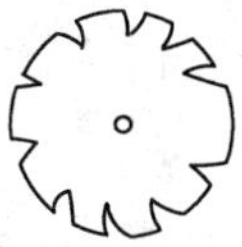	
针叶灌木	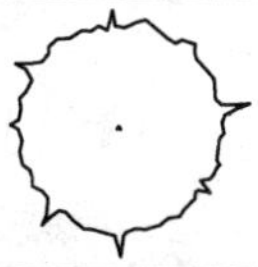	
修剪的树篱	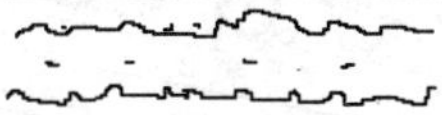	

8.3.1　建筑总平面图的形成

建筑总平面图是表示新建房屋及其周围总体情况的图纸。它是用正投影法及相关图例并结合地形图而画出，把已有建筑物、新建的建筑物、将来拟建的建筑物以及道路绿化等内容按与地形图同样比例画出来的平面图，如图 8-13 所示。

总平面图常用的比例是：1∶500，1∶1000 及 1∶2000。

总平面图是新建房屋施工定位、土方施工以及其他专业，如给水、排水、供暖、电气及燃气等工程，管线总平面图和施工总平面图设计布置的依据。

8.3.2　总平面图包括的内容

（1）新建建筑物的名称、层数、室内外地面的标高。建筑物只画出平面外形轮廓线。此外，还要画出新建道路、绿化、场地排水方向和管线的布置。

（2）原有建筑物的层数、名称以及与新建房屋的关系。此外，还要表示出原有道路、绿化和管线的情况。

（3）将来拟建的房屋建筑物、道路及绿化等。

（4）规划红线的位置。地形图上坐标方格网的方向及坐标值。建筑物、道路与规划红线的关系及其坐标，地下管线的位置等。

（5）地形（坡、坎、坑、塘）、地物（树木、线杆、井、坟等）等。

（6）指北针、风向玫瑰图等，如图 8-13 所示。

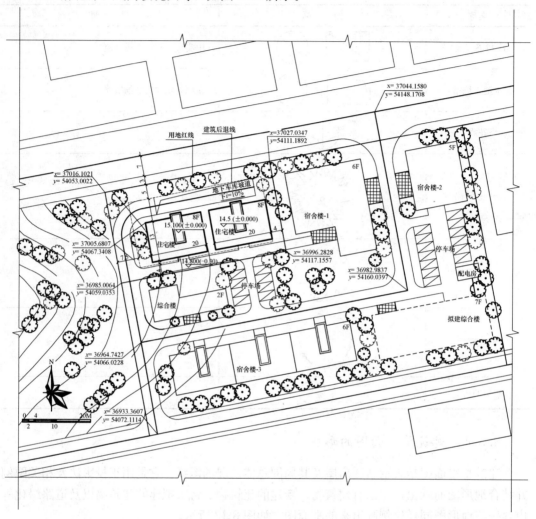

图 8-13　总平面图

8.3.3　建筑总平面图的阅读

（1）首先，熟悉总平面图所应用的各种图例，见表 8-1，阅读图纸说明本案例（2 栋新住宅楼）主要经济技术指标（详见图 8-13）。

1）用地面积：823.70m²。

2）建筑基底面积：320.0m²。

3）总建筑面积：2532m²；

其中计容面积：2718m²；

地下设备面积：105m²（不计容面积）；

架空层停车场：270m²（不计容面积）。

4）容积率：3.74。

5）覆盖率：38.8%

（2）其次，了解新建房屋的位置关系及其外围尺寸。

（3）再次，了解新建房屋所在地段的地形及地物，以便拆迁及平整场地。

（4）根据图上的指北针及风向玫瑰图，了解各建筑物的朝向，了解当地的主导风向与建筑的布置情况。

（5）了解道路、绿化与建筑物的关系，地下管线埋设布置情况以及地面排水的方向及坡度大小等。

（6）了解新建筑物与原建筑物的关系以及施工时对居民的安全以及水、电的引入是否方便等。

（7）了解规划红线：在城市建设的规划上划分建筑腹地和道路腹地的界线，一般都以红色线条表示，故称规划红线，见图 8-13 中"用地红线"。它是建造沿街房屋和地下管线时，决定位置的标准线，不能超越。

（8）了解坐标系统。在大规模房屋建筑群的总平面图上，除采用测量坐标系统之外，还可根据建筑用地及房屋建筑物的朝向采用临时的建筑坐标系统。由于两种坐标系统不同，其标注方法也不一样。测量坐标的纵横轴用 x 与 y 表示，如图 8-13 中的坐标。建筑坐标的纵、横轴用 A 与 B 表示。

总之，看建筑总平面施工图时要掌握三个关键：第一是掌握高程，即原有地面标高及设计标高的高程差；第二是掌握位置关系，即新建房屋与原有建筑、道路等相对位置关系；第三是要掌握需要处理的问题，如枯井、人防通道以及对已有的地下管线的处理等。图 8-13 是某地（广州萝岗黄陂）小区扩建工程的建筑总平面图。根据上述的阅读步骤可以看到共有两幢新建房屋。它们是两幢相邻的 8 层住宅楼。房屋层数若在多层建筑以下用小圆黑点数表示，在图的东南角还有一幢拟建的 7 层综合楼。新建房屋的首层室内地面标高±0.000 等于绝对标高 15.1m 和 14.5m。新建筑与原有建筑及道路的距离在总图上都已清楚标出。为了表明新建筑（住宅楼）的位置，在西侧住宅楼西北楼角标注了纵横测量坐标，既 $x=$ 37005.6807、$y=$54067.3408。各新建楼房基本是南北朝向。图中的地形并不复杂，几条等高线说明新建筑所在地其高程约 14～15m 左右。在总图中还看到几条规则的道路及道路中线。通过阅读图 8-14 对各新建房屋的所在位置及其周围情况，有了较清楚的了解。

8.3.4　建筑总平面施工图的绘制

（1）在已有的地形图上，如有规划红线时，先把规划红线画出来。

（2）根据新建的房屋、道路与原有建筑物和道路的关系或坐标值决定新建房屋、道路等的位置。应按同样的比例画在图纸上。同时，把将来要建造的建筑物腹地规划出来。

（3）标注必要的尺寸（以米为单位）和标高并注写文字说明。

8.4　建　筑　平　面　图

8.4.1　平面图中常用的构件和配件图例

平面图中这些常用的构件和配件图例提示我们，从学习建筑施工图开始我们已经进入专业图学习阶段，国标中的图例和符号将大量融入工程图设计当中，显然，这些图例和符号都是在漫长的工程设计领域科学的抽象，它们为绘图及读图带来快捷和方便。

1. 门窗代号

国标规定建筑构配件代号一律用汉语拼音的第一个字母，并用大写的字母表示，如门的代号用"M"表示。考虑到门的材质或功能表述，其代号表示为：M M－木门；GM－钢门；SGM－塑钢门；LM－铝合金门；JM－卷帘门；FM－防火门等。

窗的代号用"C"表示，材质方面的表示与门相同。比如 MC－木窗；GC－钢窗；LC－铝合金窗；MBC－木百叶窗；SGC－塑钢窗等。在平面图上门窗经常按其种类不同进行编号，如 M1、M2；C1、C2 等，显然，同一个编号表示同一类型门窗。

2. 门窗图例

图 8-14 所示为一些常用的门窗图例，门窗洞的大小与其形式用粗实线按投影关系绘制。平面图上门扇用中实线绘制 45°或 90°斜线，门开启的圆弧轨迹用细实线绘制。

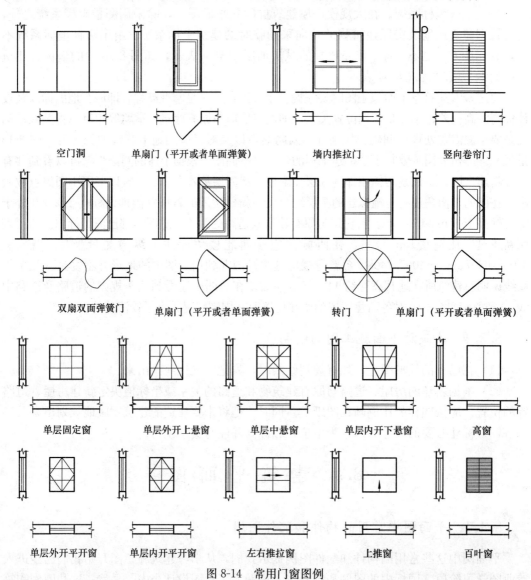

图 8-14　常用门窗图例

门窗平面图中的门洞、窗洞两侧的墙用粗实线绘制，其窗台用中实线绘制，窗扇用细实线绘制。

3. 平面图中其他常用图例

在建筑平面图中，以下常出现的构造和配件图例形象易懂，如图 8-15 所示，并且很容易从 CAD 选项板中调出插入设计图中。

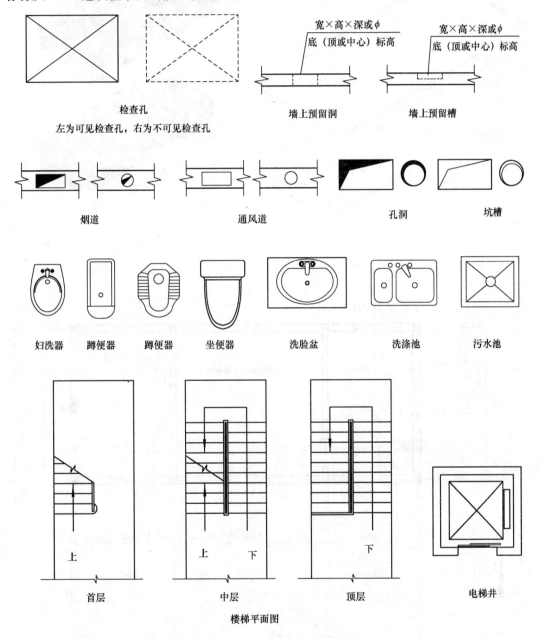

图 8-15　平面图中部分常用图例

8.4.2　平面图的形成

建筑平面图的形成是假想在房屋的门、窗之上部作水平剖切后，移去上面部分作剩余部分的正投影而得到的水平剖面图，如图8-16（a）、（b）所示。在平面图上、把看到的部分用中实线或细实线表示，把剖切着的部分用粗实线表示，如图8-16（c）所示。

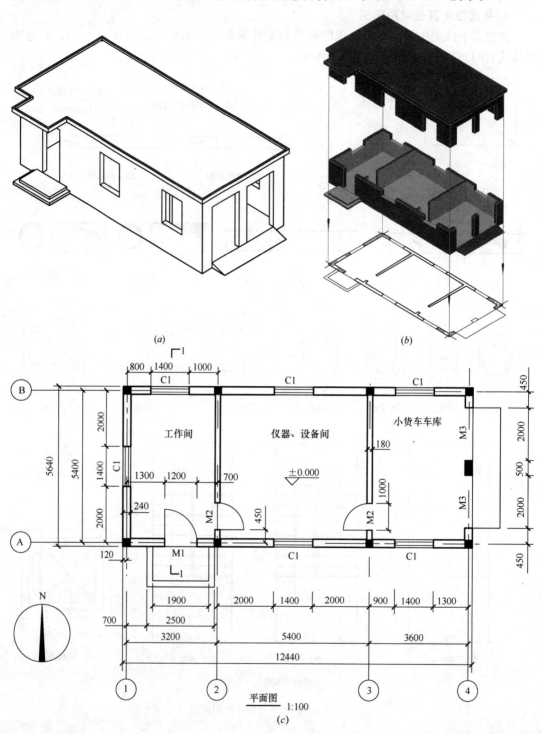

图 8-16　平面图的形成模型及平面图

建筑平面图是表达房屋建筑物的重要图样之一。对于多层或高层建筑，有些中间层除标高不同外，其他结构设计完全相同的楼层，称做标准层，所以，为它们所画的平面图只用一个表示即可。

在建筑施工图中常包括有下列各种平面图，如：平面图（对平房而言）、首层平面图、标准层平面图、顶层平面图（如果最高层是 n 层，一般标注为 n 层平面图）、屋顶平面图等。

平面图常用的比例是 $1:100$、$1:50$ 及 $1:200$。

8.4.3 平面图的内容

（说明：本书有关建筑和结构施工图内容主要围绕某中高层住宅展开，7-9 层建筑一般为中高层建筑，所以，书中重点讲解介绍的住宅为中高层住宅，该住宅除设有楼梯外，还设有轿厢式电梯作为垂直交通工具。）

（1）平面图上要表示出建筑物的占地面积和各种功能的房间名称、尺寸、大小、承重件（墙）和柱的定位轴线、墙的厚度、门窗宽度、标高等。如图 8-17、图 8-18 所示，其中图 8-17 为住宅的架空层，从架空层可看出该住宅总长 14.700m，总宽是 10.900m。但必须指出，施工图中除标高以米（m）为单位以外，其他尺寸均以毫米（mm）为单

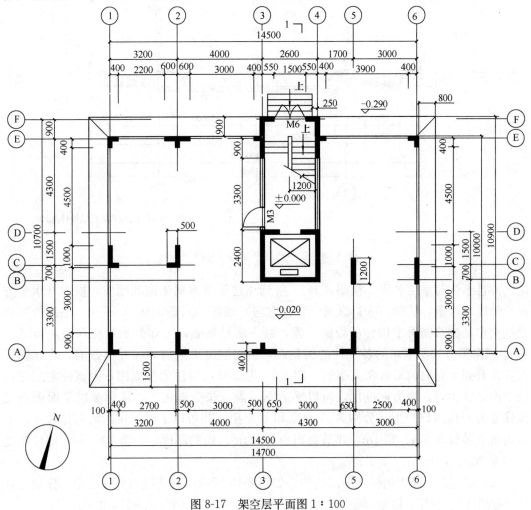

图 8-17 架空层平面图 1:100

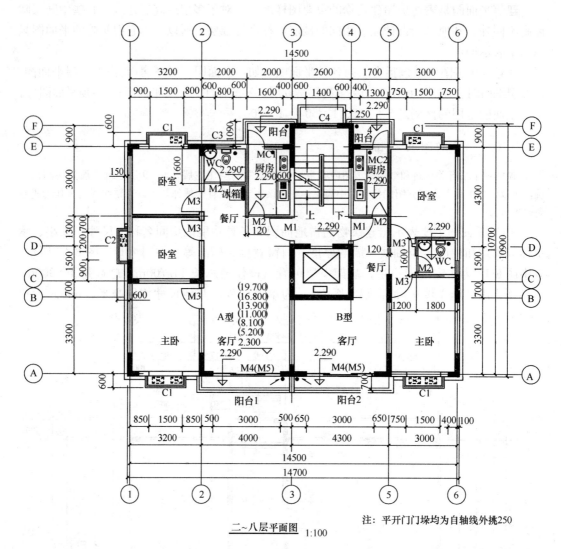

二～八层平面图 1:100

注：平开门门垛均为自轴线外挑250

图 8-18　二～八层平面图（标准层）

位，并且不注写单位名称。从图 8-17 了解到该建筑基本属于南北朝向，横向（水平方向）轴线共六条，从①～⑥；纵向（竖直方向）轴线共六条，从Ⓐ～Ⓕ。轴线位置和轴线交点是建筑物承重构件所处的位置，其下面是基础，上面是承重柱和墙，如图 8-17 中用涂黑方式所表示的各种柱的横截面，钢筋混凝土结构的梯井横截面，均在轴线上，并看到了它们的形状和大小等。图 8-18 为二到八层住宅平面图，因该住宅二至八层平面布置相同，即为标准层，所以平面图只画一张就够用了。从标准层平面图看出该住宅为一梯两户户型，分别为 A 户型和 B 户型，并可以了解各房间的具体尺寸，如西南角主卧长 3.2m、宽 4m，建筑面积为 12.8m²。墙的厚度，外墙 200mm；隔墙厚度分别为 200、120mm。

（2）应用文字或图例标注房间功能，如图 8-18 所示，其功能划分很清楚，分别是客厅（起居厅）、餐厅、卧室（主卧、次卧）、厨房、卫生间（WC）、楼梯间等。

136

（3）表示房屋内部的交通情况，如走道、楼梯的位置等。

（4）表示门、窗编号、位置、数量及尺寸，图纸上还有门、窗数量表用以配合说明。从图8-18中可以看到编号为M1、M2、M3不同型号的门，还有MC1、MC2不同规格的连体门窗，从图8-18中可以看到编号为C1、C2、C3等不同规格的窗。从标准层还可以了解门窗的数量、型号及门窗预留洞口的长度尺寸等。

（5）对于台阶及楼梯踏步、阳台、雨篷、散水等在平面图上的布置均要表示出来。此外，固定设备也要表示出来，如屋顶平面图8-19所示，可以看到2个在天沟上布置的地漏，还有在其引出线上注写的排水立管共有2条等。

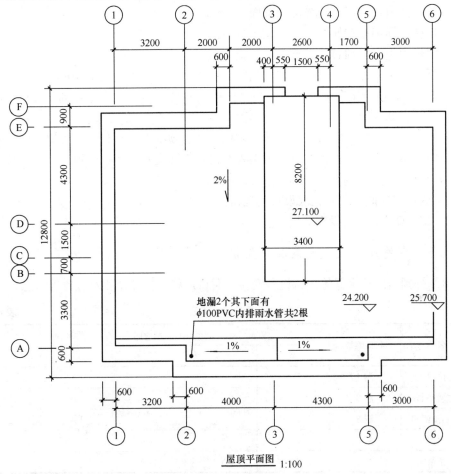

屋顶平面图 1:100

图8-19 屋顶平面图

（6）表示出室内地面的高度。由总平面图上可以看到，架空层楼梯间地面绝对标高分别为15.1m、14.5m，并是该住宅相对标高的基准，即+0.000，架空层楼梯间地面之外的地面相对标高是−0.290m，如图8-17所示。从图8-18中可以看到二层客厅、卧室的相对标高为2.300m；卫生间、厨房、阳台的相对标高为2.290m，二者高度差为10mm（1cm），这些地方还应设有地漏。图8-18用简便方法同时标注了三层至八层的客厅、卧室的标高，每两层楼板之间的设计高度均为2.900m。每层的卫生间、厨房、阳台均应比客厅、卧室低10mm。

（7）剖面图上的剖切位置线应在首层平面图上标画清楚。如在图 8-17 中可以看到剖切线是在楼梯间处剖切房屋，投影方向是由东向西作投影，编号是 1。

（8）还应包括有关的附注说明、图标及建筑物的朝向等。

8.4.4 建筑施工补充说明

（1）除注明外，所有轴线居墙中。

（2）除注明外，门靠柱边或近墙出垛为 100mm。

（3）外墙，分户墙，梯间墙及异形柱对应之内墙厚为 200mm，其余内墙厚 100mm。

（4）所有凸窗（飘窗）外缘出外墙面 500mm。

（5）楼梯间详细布置如图 8-35、图 8-36 所示。

（6）厨房卫生间详细布置见给水排水施工图。

（7）所有卫生间地面标高最高处比相应的楼层客厅、卧室标高低 10mm，并向地漏所在处找坡 0.5%；所有阳台地面标高最高处比相应的楼层客厅、卧室标高低 10mm，并向地漏所在处找坡 0.5%。

（8）有凸窗（飘窗）的房间其室外空调机位于窗顶板上，外封通风为铝百叶型材。

（9）空调室外机冷凝水排放位必须接入专门收集冷凝水的排放管道。

（10）平面尺寸除特别标注外，与对应各层相同。

（11）厨房卫生间外墙齐梁底设排气孔留洞，并上下对齐。

（12）M5 型号的门仅设在 8 层。

8.4.5 有关建筑设备安装及户型信息

表 8-2 分别给出热水器等建筑设备安装的洞口形状、尺寸及相对位置等信息。

预留洞口一览表　　　　　　　　　　　　　表 8-2

洞口名称	洞口编号	方洞		洞底距地面高	圆洞	中心距地面高
		宽	高		直径	
热水器预留洞	洞 1				120	2200
空调接管洞	洞 2				80	2300
厨房排烟预留洞	洞 3				150	2400
排气扇预留洞	洞 4	200	200	2200		
消火栓预留洞	洞 5	850	900	900		

8.4.6 建筑平面图的阅读和绘制

阅读平面图的习惯方法是：由外向里、由大到小、由粗到细、先看附注（说明），再看图形，逐步深入详细地进行阅读。

现以图 8-17 架空层为例：可以看到框架结构的总体尺寸，各种形状柱的横截面及其尺寸、标高、指北针图例等。架空层的设计，主要是回避一层住宅潮湿、光线较暗等问题，我国南方地区这种设计较多。

再以图 8-18 标准层为例：首先了解分析房间分布，应该住宅朝向属于坐北朝南，通风采光都比较优越，所以，客厅与主卧的朝向都向南。A 户型使用面积大于 B 户型，但 B 户型采光好于 A 户型，A 户型有 3 个卧室，B 户型有 2 个卧室，A 户型客厅设计好于 B 户型。每户均有 2 个阳台，朝南的为大阳台。该住宅基本为飘窗（凸窗），房间内的门均为平开门，阳台上的门为推拉门。每户一个卫生间，一个厨房。并同时配有双跑楼梯和电梯。

其中 A 型建筑面积为 $87.97m^2$，三房二厅一卫；B 型建筑面积为 $68.44\ m^2$，二房二厅一卫。这里必须说明，建筑面积包括公摊面积。

8.4.7 绘制建筑平面图的步骤

一般情况下绘制建筑施工图首先绘制平面图，因为平面图是长宽方向信息量最大的图，绘制时尺寸依据最充足，另外，建筑物平面规划设计也是设计者首先考虑的问题。

本章只介绍仪器图及徒手绘图，人所共知，国内外的建筑设计部门均使用绘图软件设计，我国建筑设计部门更多的使用以 AutoCAD 为平台的国产插件"天正"绘制施工图，传统的仪器绘图技术已经退出设计界。而草图作为软件绘图的底稿或设计灵感的记录仍然有着一定意义。草图有直接用铅笔完成的徒手图，也有用仪器绘制的，用仪器绘制的草图对线型和绘制的图形精度要求标准不是很高，比如用单线线条表示墙，仪器草图往往称做二草、三草。

今天的美国工科院校已经不再进行仪器图训练，但我国的许多工科院校现今仍保留仪器绘图的训练课程。我们承认，仪器绘图训练对理工科学生而言，有利于培养严谨的专业设计素质和对国标的尊重与掌握。

平面图上的线型，被剖切的墙等轮廓线用粗实线画，其他没有剖到，但看到的结构分别用中实线、细实线画出，如台阶、楼梯、窗台、阳台等均用中实线，窗扇、门窗开启轨迹、尺寸线、轴线等均用细实线。

在画平面图以前，要根据选定的比例尺，大体估计一下所画图样的大小，确定其在图面上的摆放位置，打好边框和图标线。

绘制仪器平面图，如图 8-20 所示，步骤如下：

（1）画定位轴线。先把靠左边和下边的两条互相垂直的轴线画出来作为基线。然后在两条基线上按选定的比例分别量出其他定位轴线的位置。接着用丁字尺由上到下一次画完水平轴线，再用三角板与丁字尺配合，由左到右一次画完垂直轴线，如图 8-20（a）所示。

（2）根据墙的厚度、柱的断面尺寸，画出墙、柱的轮廓线。方法是由轴线向两侧放出墙厚、柱宽先上后下，先左后右一次完成，如图 8-20（b）所示。

（3）按门、窗所在的位置和尺寸，画门及其开启轨迹、画窗（有关尺寸请参考图 8-30）。然后，画出其他细部，如楼梯、台阶、厕所设备等，如图 8-20（c）所示。

（4）画楼梯等建筑设备，如图 8-20（d）所示。

（5）对底稿图进行认真检查，不允许存在任何结构、尺寸等方面的问题。检查无误后加深、加粗图线。填绘各种要求表示的材料图例如图 8-20（e）所示。

（6）标注尺寸、标高、填写符号、文字等内容，详见图 8-18。

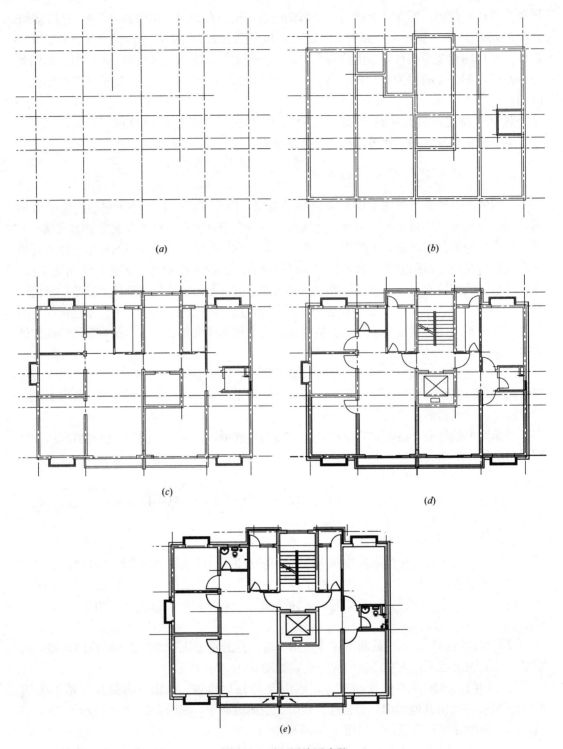

图 8-20　平面图绘图步骤

(a) 画轴线网；(b) 放墙宽；(c) 确定门窗洞口位置；

(d) 画细部及楼梯等设备；(e) 检查并加深图线

8.4.8　在画图时要注意以下几方面的问题

1. 画图线

（1）打铅笔底稿时，应选择 H 或 2H 硬铅笔，并要削得比较细，用力要轻，避免过多的擦改。

（2）量尺寸时，相同尺寸一次量出，同一方向的尺寸一次量出。并建议使用分规配合三角板进行。

（3）同类的线要一次画完以免三角板、丁字尺等工具来回移动。

（4）遇到连接线要先曲后直，如直线与圆弧连接、要先画圆弧线，后画直线。

2. 标注尺寸

在建筑平面图上要把尺寸标注在前面图形的左方和右方，即沿图形的横向及竖向分别标注，并要注写三道尺寸，如图 8-18 所示。

（1）第一道尺寸是与平面图形距离近的一道尺寸，即细部尺寸。它以定位轴线作为基准，标注房屋的各墙垛及门、窗洞口的分段尺寸。

（2）第二道尺寸是标注各定位轴线间距的尺寸，即轴线尺寸。

（3）第三道尺寸是标注总长、总宽的总尺寸，即外包尺寸。

画图时，除上述的三道尺寸需要注写之外，对于各房间的净长，净宽及内墙上的门、窗洞口尺寸及它们的定位尺寸，也需注写清楚。其他如台阶、窗台、散水尺寸也要注写齐全。

3. 画出指北针

为了表明建筑物的方位朝向，常在首层平面图所在的图纸上画出指北针，如图 8-17 所示。

4. 写上图名、比例

如图 8-18 中 二～八层平面图 1：100。

8.4.9　学习建筑平面图应了解和熟悉的相关知识

1. 开间与进深

两条横向轴线之间的距离是开间，习惯称其为房间宽度，一般为 300mm 的倍数。两条纵向轴线之间的距离是进深，习惯称其为长度。

2. 横墙承重与纵墙承重

横向轴线上的墙承重时，称为横墙承重。纵向轴线上的墙承重时即称纵向承重。

3. 建筑面积与净面积

建筑物外包尺寸（房屋的总长、总宽尺寸）的乘积（即长×宽）是建筑面积，以平方米为单位，而建筑物内部长、宽净尺寸的乘积值称为净面积，以平方米为单位。

4. 建筑模数

在建筑工程中，选定标准尺度单位，以这种选定的尺寸单位为基础，作为建筑工程中各类构、配件之间互相联系配合的依据规定，就是"模数制"。我国以 100mm 作为基本模数。此外，还有分模数和扩大模数。模数制是促成建筑工业化、现代化的必要措施之一。

5. 结构尺寸

结构尺寸一般是对建筑物结构设计的尺寸，如拆掉模板的钢筋混凝土框架、砌体等尺寸，所以，施工图上的尺寸为结构尺寸。

8.5 建筑立面图

8.5.1 立面图的形成

建筑立面图是建筑的外观图，是把建筑物不同的侧表面，用正投影法，投影到正立（V）投影面上而得到的正投影图，因为立面图是为表达建筑的外观所以不画虚线。如图8-21（a）、（b）所示。

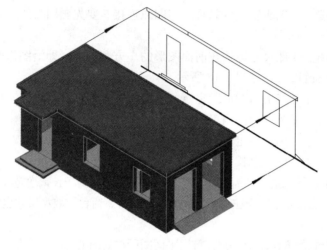

(a)

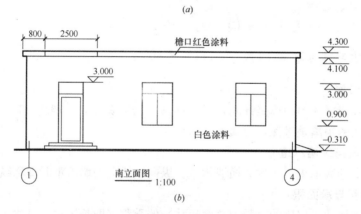

(b)

图 8-21 立面图的形成模型及立面图

（a）立面图的形成模型；（b）立面图

根据建筑物外形的复杂程度，所需绘制的立面图数量也不同。一般可分为正立面、背立面和侧立面，也可按房屋的朝向分为南立面、北立面、东立面及西立面。建筑立面图的比例常用 1：100、1：200。

8.5.2 建筑立面图的内容

建筑立面图主要表现建筑物的立面及建筑外形轮廓，如房屋的总高度、檐口、屋顶的形状及大小，墙面、屋顶等各部分使用的建筑材料与做法、门、窗的式样、标高尺寸，阳台、室外台阶、雨篷、雨水管等形状及位置等等，如图 8-22 所示。

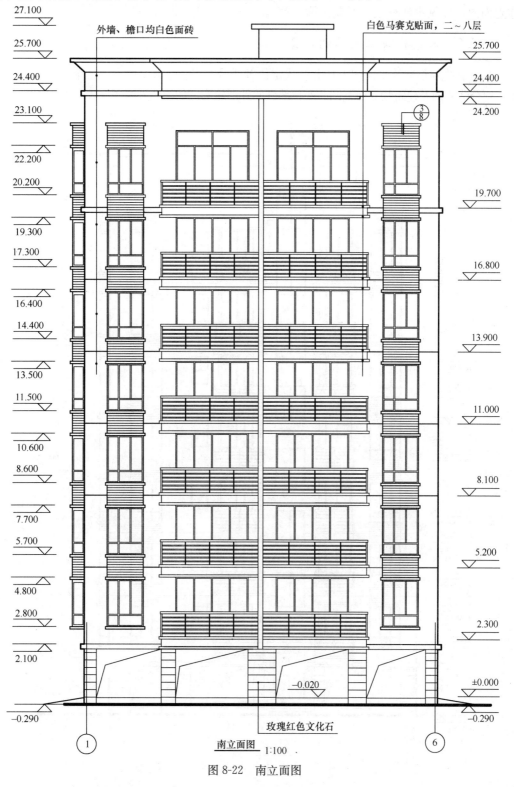

图 8-22　南立面图

外形较为简单的建筑物，并且左右对称时，立面图的绘制可以从简，可把房屋的正立面图和背立面图各画一半，形成一个组合立面图，中间用对称符号标记（此处省略左右对称立面图，详见本教材配套习题集第8章）。

8.5.3 阅读建筑立面图的步骤

（1）首先对照建筑平面图上指北针或定位轴线号，查看是哪个朝向，哪个轴线间的立面图。要分清方向及建筑物立面上凹凸变化部分的外形轮廓，如图8-22、图8-23、图8-24所示。

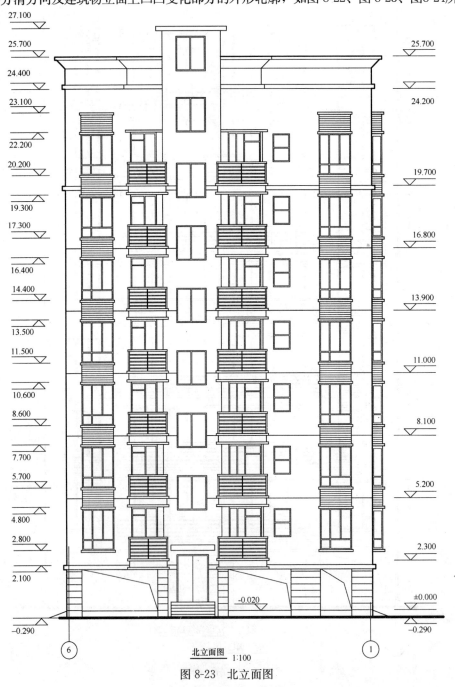

图 8-23 北立面图

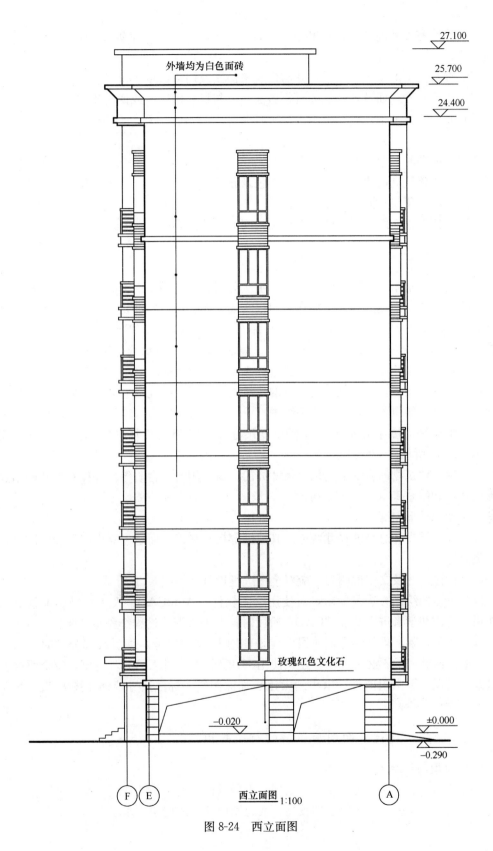

图 8-24 西立面图

145

（2）看清室内外高度差、找出相对标高基准所在位置，了解勒脚、窗台、门窗高度及总高尺寸。

（3）查看门窗的位置、数量，并与建筑平面图及门窗数量表核对。

（4）还要查看墙面及各部位的材料做法，要与材料做法表或说明相吻合。

（5）要与建筑平面图相对照，核对雨水管、阳台、雨篷、台阶、踏步等的位置及做法。

阅读立面图时，应了解以下几个问题：

（1）注意建筑立面所选用的材料、颜色及施工要求；

（2）要注意建筑立面的凸凹变化；

（3）要核对立面图、剖面图、平面图之间的尺寸关系。

8.5.4　建筑立面图的画法

为了使图样富于立体感，图面清晰、主次分明、在绘制立面图时，应注意各种线条粗细的变化。建筑立面图的最外围轮廓线用粗实线，如果在 A3 图纸上画图，主张粗实线选择 0.5mm 左右，如果设粗实线宽度为 b，那么，门窗洞口线、阳台及建筑立面上的凸凹轮廓线用中粗实线 $b/2$ 来绘制，门扇窗扇、墙面分格线及落水管等用细实线 $b/4$ 来绘制。用加粗的粗实线来绘制室外地坪，一般选择 $1.4b$。如图 8-21、图 8-22 等所示。

（1）画立面图时，应首先根据所画的建筑物考虑需要画几个立面图。同时，在确定各立面图在图纸上的位置后，方可动手绘图。

（2）根据平面图来确定其长度或宽度尺寸，参考相关资料确定其高度尺寸，如图 8-25（a）、（b）所示。

（3）确定建筑物的各细部的位置尺寸如门、窗、阳台、台阶等。并按其形状画出建筑外形轮廓，如图 8-25（c）、（d）所示。

（4）加深外形轮廓。

（5）标注层高和总高度尺寸两道，其他细部尺寸视需要而定。立面图尺寸一般以相对标高数值标注。

（6）标注尺寸及文字说明后，应对全图进行检查，如图 8-22 所示。

以上仪器图绘图方法及要求，对使用绘图软件（AutoCAD、天正）仍有很重要的指导作用，每位初学者进入专业"CAD"阶段时，对手绘训练过程都深感必要。

以上 4 个步骤，均是绘底稿阶段，应该使用 H 类硬铅笔。细实线部分，如门扇、窗扇等，应一次性完成不必再加深，建议使用 HB 类铅笔。进入第 5 步定稿，应全面检查有无纰漏和错误，再由里向外、由小到大逐步加深图线、标注尺寸，详见图 8-22、图 8-23 等立面图。

8.5.5　关于建筑立面图应了解的相关知识

1. 清水墙与混水墙

只有结构部分，只把砖墙作勾缝处理，不做其他任何装饰的墙面，叫清水墙，清水墙对砖或砌块质量及砌墙工艺要求均较高，反之墙面抹灰的墙叫混水墙。

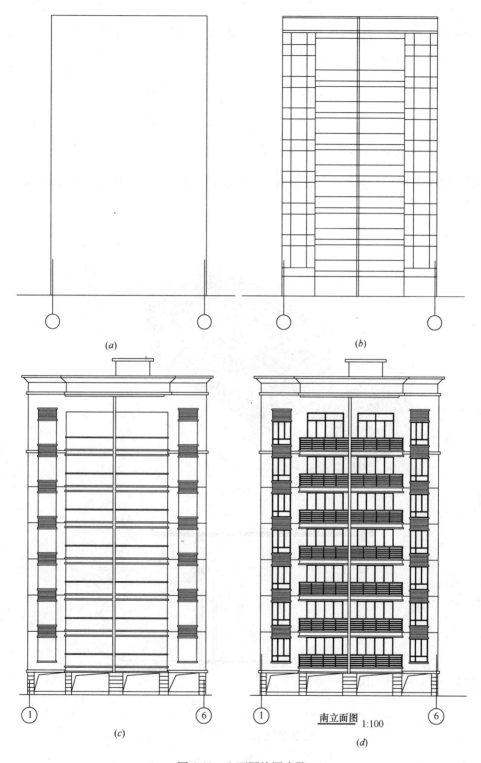

(a) (b)

南立面图 1:100

(c) (d)

图 8-25 立面图绘图步骤

(a) 步骤 1 画地面线和房屋最外轮廓；(b) 步骤 2 绘制门窗洞口的方格网线 ；(c) 步骤 3 绘制门窗洞口、阳台、挑檐等；(d) 步骤 4 绘制细部，窗扇等

2. 檐口

指屋面在建筑物前后墙体挑出部分的外端称为檐口，如图 8-22、图 8-23 等标高为 23.82m 及 24.02m 处。

8.6 建筑剖面图

8.6.1 建筑剖面图的形成

假定用一个垂直于水平面平行于侧立面的剖切平面，由房屋某部位作剖切，就得到房屋的剖面图，如图 8-26（a）、（b）所示。

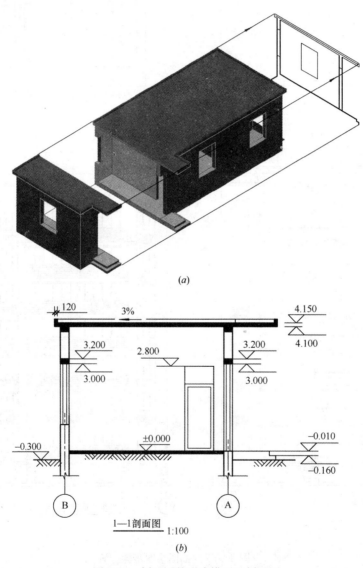

(a)

1—1剖面图 1:100

(b)

图 8-26　剖面图的形成模型及剖面图
（a）剖面图的形成模型；（b）剖面图

横剖面图是沿建筑物宽度方向作剖切，而得到的投影图。纵剖面图是沿建筑物长度方向作剖切而得到的投影图，显然图 8-26 为横剖面图。

剖面图在处理手法上除对房屋作全部剖切，画出它的全部剖面图外，还可按需要画出局部剖面图。

剖面图常采用的比例为 1∶100、1∶200、1∶50。

8.6.2 建筑剖面图的内容

建筑剖面图是建筑工程的主要图纸之一，房屋的高度尺寸、材料做法、构造关系都是由剖面图来表示的。在施工中它是主要的依据之一。

剖面图一般从室外地坪开始向上画直到屋顶，如图 8-27 所示。

（1）剖切到的各部位，如室内外地面、楼板层、屋顶层、内外墙、双跑楼梯及其转折平台（休息平台）、电梯井、阳台及阳台护栏、门窗及雨篷等。如在图 8-27 中可看到剖切到的地面、屋顶、楼梯梯段及阳台等处的形状、位置。

（2）表示出外墙定位轴线的位置及其间距，如在图 8-27 中可以看到外墙 A 轴至 E 轴之间的距离是 9800mm，外墙 A 轴至 F 轴之间的距离是 10700mm。

（3）作剖切时，没有切到的可见部分也要表示出来。如墙面凹凸的轮廓线、阳台、雨篷、台阶、门窗等的位置和形状。

（4）表示房屋建筑物高度即垂直方向的尺寸，在建筑剖面图中一般标注：从相对标高基准开始，分段标注出窗台、门、窗洞口、梁、柱、墙、房屋各层层高的尺寸，建筑物的总高度等，如图 8-27 所示。

（5）除以上标注各部位的线性尺寸之外，同时还要以标高形式标注。在剖面图中反映出不同高度的部位如地面、楼面、顶棚及楼梯休息板等处的标高都应注出。相对标高基准之下的标高数值为负值，如图 8-27 所示。

（6）索引标注。在建筑剖面图中，对于需要另用详图说明的部位或构件，都要加注索引标志，以便互相查阅、核对。

（7）施工中需注明的有关说明等。

8.6.3 剖面图的阅读

剖面图阅读顺序基本是：先外后内、先底（下）后上、先粗略后细致，如图 8-27 所示。

（1）阅读建筑剖面图必须先熟悉有关的图例。

（2）要依据建筑平面图上标注的剖切位置，核对剖面图表示的内容是否齐全，它与建筑平面图所标注的剖切面是否一致。

（3）查看室外部分的有关内容。首先从相对标高基准±0.000 开始，查看底层及各楼层的层高、净高尺寸。查看楼梯间各段标高，门、窗部位的标高。沿内墙向上查看门、门洞的尺寸以及地面、楼面、顶棚、墙面、踢脚等用料、尺寸及做法。

（4）从剖面图查看到引用标准图及绘详图的索引符号等。

（5）阅读建筑剖面图时要做到由建筑平面图到建筑剖面图、由外部到内部，反复查阅，最后形成房屋建筑的整体形状。

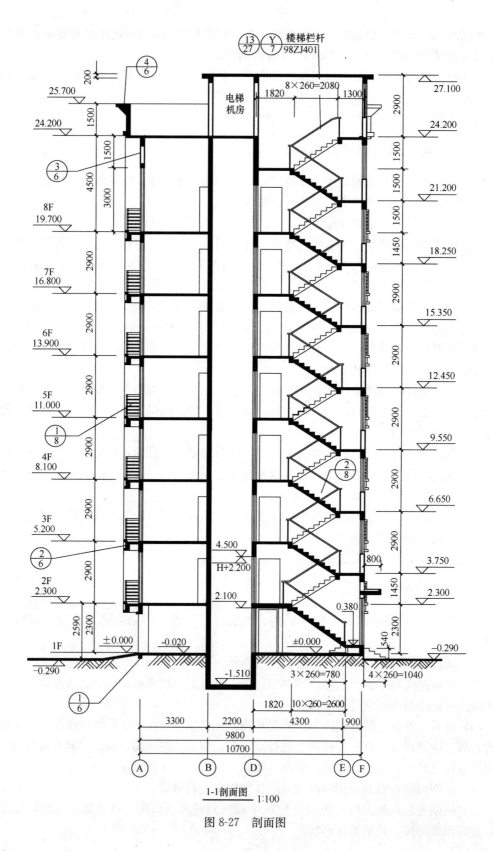

图 8-27 剖面图

（6）阅读建筑剖面图主要应了解高度尺寸、标高、构造关系及材料做法。有些部位还要和详图结合起来一起阅读。如图 8-27 中几个详图索引符号 $\frac{5}{6}$ $\frac{3}{15}$ 会指引读图者找到其相应的详图，图 8-27 详图索引编号 98ZJ401 的意思是楼梯护栏做法参照图集 98ZJ401《楼梯栏杆》设计制作。

8.6.4　建筑剖面图的画法步骤

画建筑剖面图之前，一般都完成了平面图、立面图的绘制，所以，画剖面图时应注意把握它和平面图、立面图的相对位置关系，如门、窗、楼层板、女儿墙、檐口等高度要保持一致，如图 8-28 所示。

（1）首先要根据建筑首层平面图中所标注的剖切位置，对剖切后的结构形状做到心中有，即可开始绘图。绘图前应基本确定所画图样的大小，图面所占范围，在图纸上做好布局。在 CAD 环境下也同样需要选大小合适的图纸及布局。

（2）画图时，要先画出室外地坪线，然后确定室内地坪±0.000 标高的位置，再根据建筑平面图画出所剖到墙定位轴线，如图 8-29（a）所示。

（3）根据轴线画出墙厚和屋顶的外部轮廓线，再分出门窗洞口。最后确定窗台、窗楣的位置以及檐口尺寸等，如图 8-29（b）所示。

（4）画细部轮廓，如楼梯、屋顶等，如图 8-29（c）所示。

（5）检查各部分位置轮廓线及尺寸，加深轮廓线，如图 8-29（d）所示。各线型及线的粗细与建筑平面图的绘图规则基本相同。

（6）画出尺寸线，标注出尺寸、标高、注写文字说明及详图索引符号等内容，如图 8-27 所示。

建筑剖面图的尺寸，一般标注在图形外面的两侧。如果建筑物两侧对称时，可只注在一边。注标高时，也应注在建筑剖面图外的两侧，引出线最好对齐，标高符号大、小应一致，最好排列在一条竖起线上，以使图面清晰、整齐。关于详图索引的标注方法前面已述。

8.6.5　学习建筑剖面图应具备的知识

（1）层高与净高。建筑物由下层地坪到上层地坪的垂直高度叫层高。而净高则是由本层地坪至本层空间的上部结构层，梁或楼板底面之间的垂直高度。

（2）结构标高。结构标高指结构构件未经装修的表面标高，如图 8-27 所示。

（3）材料做法代号。将建筑上的不同部位的材料做法，用代号表示，既可使简便，又便于施工。例如某建筑物材料做法表中，把 70mm 厚，每平方米 110kg 的水泥地面代号定为"楼 3"。其具体做法为：

1）钢筋混凝土预制板；

2）其上铺 50mm 厚 1：6 水泥焦砟垫层；

3）再上面是刷素水泥浆结合层一道；

4）最后是 20mm 厚 1：2.5 水泥砂浆抹面压实赶光。此外，如将 230mm 厚的混凝土地面定为"地 4"。将 16mm 厚混凝土墙面定为"内墙 4"。其具体内容在相关施工标准中均作了规定。我国各地区均有相应的规定可供参阅。

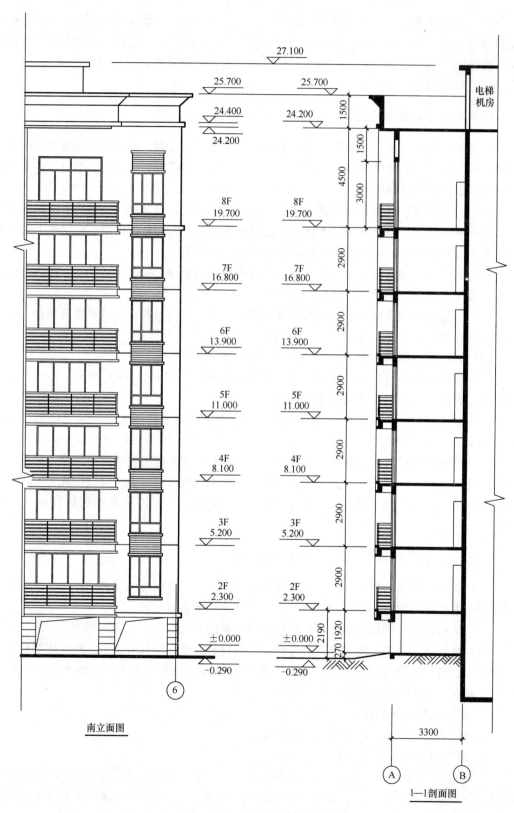

图 8-28　剖面图与立面图的位置

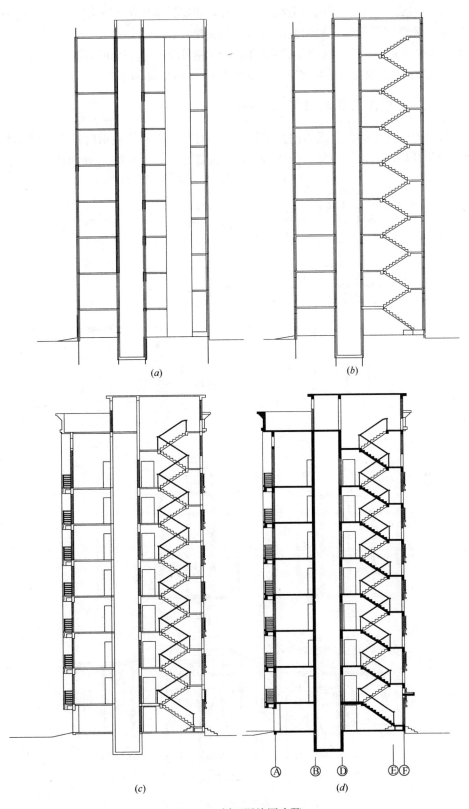

图 8-29　剖面图绘图步骤

（4）防潮层。防止地下水因毛细作用上升，而腐蚀墙面的避水层。常用材料为油毡或防水砂浆。防潮层一般铺在地面垫层及面层的交接处。

（5）室内外高差。建筑物的首层室内地面均比室外地面高，从而形成室内、外高差，以防止雨水侵入室内。通常室内地坪比室外地面提高 300、450、600mm 左右，或者更高些。

8.6.6 某中高层住宅门窗立面图

门窗立面图例中的细斜线为门窗扇开启方向符号，细实线表示向外开，细虚线表示向内开，两条开启方向符号的交点一侧为安装门窗铰链（合页）的一侧如图 8-30 所示。

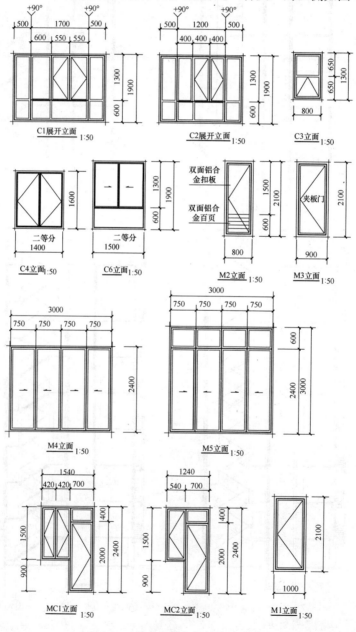

图 8-30 某中高层住宅门窗立面图

154

8.7 建 筑 详 图

8.7.1 概述

建筑详图就是把房屋的细部或构、配件的形状、大小、材料和做法，按正投影原理和标准图例用较大的比例绘制出来的图样。它是建筑平、立、剖面图的补充。建筑详图也称大样图。建筑详图所用的比例依图样的繁、简程度而定，常用比例为 1∶1、1∶2、1∶5、1∶10、1∶20、1∶50 等。

建筑详图按需要可分为：

(1) 表示局部构造的详图。如在平、立、剖面图中，由于比例太小，不能表示清楚的部位，即可画局部详图，如外墙详图、楼梯详图、阳台详图等。

(2) 表示房屋设备的详图。如卫生间、厨房、实验室内的设备，种类，安装位置及其构造等，如图 8-31 卫生间小便斗详图。

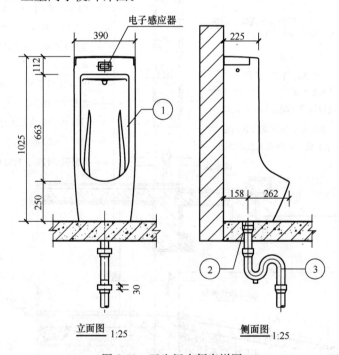

图 8-31　卫生间小便斗详图

(3) 表示房屋内外有特殊装修的部位。如建筑物的大门、吊顶及花饰等。

建筑详图种类很多，本书只介绍建筑施工图中使用最多几种详图。

8.7.2 外墙详图

1. 外墙详图的内容

外墙详图常用的是外墙剖面图。它是建筑剖面图的局部放大图。根据建筑物的不同情况，需要绘制的外墙剖面图的数量也不同。如图 8-32 所示，在纵向剖切而得到的详图，

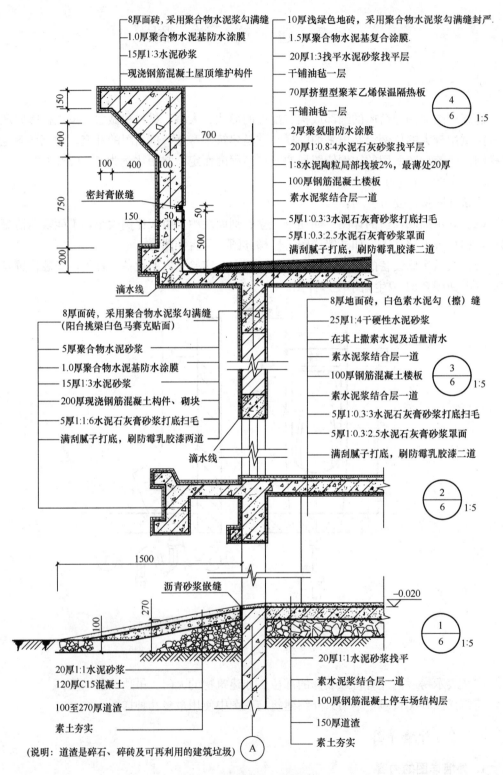

8厚面砖,采用聚合物水泥浆勾满缝
1.0厚聚合物水泥基防水涂膜
15厚1:3水泥砂浆
现浇钢筋混凝土屋顶维护构件

10厚浅绿色地砖,采用聚合物水泥浆勾满缝封严
1.5厚聚合物水泥复合涂膜
20厚1:3找平水泥砂浆找平层
干铺油毡一层
70厚挤塑型聚苯乙烯保温隔热板
干铺油毡一层
2厚聚氨脂防水涂膜
20厚1:0.8:4水泥石灰砂浆找平层
1:8水泥陶粒局部找坡2%,最薄处20厚
100厚钢筋混凝土楼板
素水泥浆结合层一道
5厚1:0.3:3水泥石灰膏砂浆打底扫毛
5厚1:0.3:2.5水泥石灰膏砂浆罩面
满刮腻子打底,刷防霉乳胶漆二道

密封膏嵌缝
滴水线

8厚面砖,采用聚合物水泥浆勾满缝
(阳台挑梁白色马赛克贴面)
5厚聚合物水泥砂浆
1.0厚聚合物水泥基防水涂膜
15厚1:3水泥砂浆
200厚现浇钢筋混凝土构件、砌块
5厚1:1:6水泥石灰膏砂浆打底扫毛
满刮腻子打底,刷防霉乳胶漆两道

8厚地面砖,白色素水泥勾(擦)缝
25厚1:4干硬性水泥砂浆
在其上撒素水泥及适量清水
素水泥浆结合层一道
100厚钢筋混凝土楼板
素水泥浆结合层一道
5厚1:0.3:3水泥石灰膏砂浆打底扫毛
5厚1:0.3:2.5水泥石灰膏砂浆罩面
满刮腻子打底,刷防霉乳胶漆二道

滴水线

沥青砂浆嵌缝

−0.020

20厚1:1水泥砂浆
120厚C15混凝土
100至270厚道渣
素土夯实

20厚1:1水泥砂浆找平
素水泥浆结合层一道
100厚钢筋混凝土停车场结构层
150厚道渣
素土夯实

(说明:道渣是碎石、碎砖及可再利用的建筑垃圾)

图 8-32 住宅外墙节点详图

156

外墙详图常用的比例为 1：5、1：10、1：20 等。

外墙详图表示外墙各部位的详细构造、材料做法及详细尺寸，如女儿墙、檐口、圈梁、过梁、墙厚、雨篷、阳台、防潮层、室内外地面、散水等。还要注明各部分的标高和详图索引符号。详图中注写了大量多层构造引出线，关于这些多层构造引出线的标注方法和顺序关系详见图 8-12。

在图 8-32 中，我们看到的尺寸标注为建筑尺寸，建筑尺寸通常是指建筑物建设后的实际尺寸，如墙体抹灰、贴面后的尺寸及建筑物外形尺寸。

2. 外墙详图的阅读

阅读外墙详图时，首先应找到详图所表示的剖切部位。应与平面图、剖面图或立面图对应来看。

看图时要由下向上或由上向下阅读。一个节点一个节点的阅读，了解各部位的详细构造尺寸做法，并应与材料做法表核对，看其是否一致。如图 8-32 所示。

图中 "$\frac{1}{6}$ $\frac{2}{6}$ $\frac{3}{6}$ $\frac{4}{6}$" 分别表示外墙四个节点详图，下半圆圈里数字为所在图纸编号，上半圆圈里数字为详图节点编号，并分别与图 8-27 剖面图上标注的详图索引相对应。

第一个节点是房屋内外地面、散水、架空层柱等部位，由图 8-32 中可以看到对各种用料的要求、各结构的形状及尺寸、施工做法，如 "沥青砂浆嵌缝" 等。

第二个节点是架空层柱、标准层室内楼板、室外阳台承重构件、阳台的门窗等部位，由图 8-32 中可以看到对各种用料的要求、各结构的形状及尺寸、施工做法等。

第三个节点仍包含阳台上的门窗及门窗上的过梁（圈梁）、外墙内外用料及施工要求、外墙各层次的尺寸等，如图 8-32 所示。

第四个节点内容较多，仍包含有外墙内外用料及施工要求、外墙各层次的尺寸、屋面结构的用料及施工要求、屋面围护结构（女儿墙）的用料及施工要求等，如图 8-32 所示。

3. 外墙详图的画法

画外墙详图的方法与剖面图的画法基本相同。画轴线→画墙厚→定出室内外地面散水、窗台、过梁、圈梁等依次向上画齐。检查无误后即加深图线，标注尺寸、标高及文字说明等，如图 8-32 所示。详图各承重结构断面轮廓用粗实线绘制，墙内外整平层、各装饰层轮廓均用细实线绘制，其他结构对图线的要求与剖面图的画法基本相似。各层材料符号请参照相关建筑材料图例。

4. 外墙与飘窗节点构造

图 8-33 外墙与飘窗节点构造详图，主要表达 A 轴线墙身上飘窗上下左右的节点构造及墙身与窗台细部的施工要求；同时表示了百叶窗里侧安放空调主机的位置构造。图中所示 1900 确实是窗的实际高度，而该图中使用折断处理所传达的意思是它不代表同一个楼层的飘窗而是标准层的组合。

8.7.3 有关过梁与圈梁知识

过梁与圈梁用于门窗上部，解决上部荷载传至门窗两侧而设置的承重构件，称为过梁，一般压入两端墙的深度不少于 200mm；在框架结构中，围绕在建筑物的内、外墙上连续设置的闭合连通的钢筋混凝土梁，称为圈梁，圈梁可以增加建筑物的刚性和整体性，所以，圈梁有时可以代替过梁，如图 8-32 节点 3 门窗上的过梁，实际上就是该建筑的

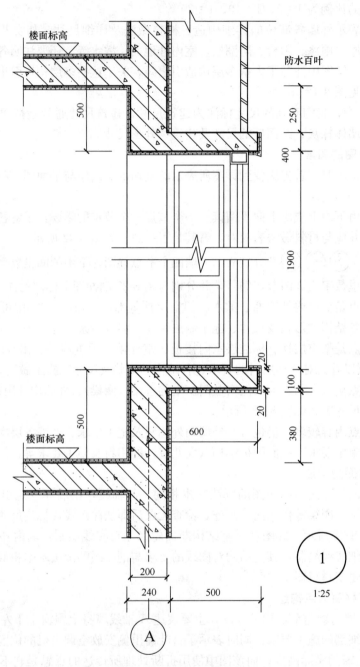

图 8-33 外墙与飘窗节点构造

圈梁。

8.7.4 楼梯详图

楼梯是建筑物中作为楼层间的垂直交通设施，用于楼层之间和高差较大时的交通联系，七层以上的多层建筑和高层建筑均应设置电梯。在设有电梯、自动梯作为主要垂直交通手段的多层和高层建筑中也要设置楼梯。高层建筑尽管采用电梯作为主要垂直交通工具，但仍然要保留楼梯，供火灾或停电等突发事故时使用。请通过以下图片简单了解楼梯、电梯、台阶等设施，如图 8-34 所示。

(a)

(b)

(c)

(d)

图 8-34　楼梯、电梯、台阶
(a) 楼梯；(b) 轿厢式电梯；(c) 自动扶梯；(d) 室外台阶

楼梯由连续梯级的梯段（又称梯跑）、平台（休息平台）和围护构件（栏杆扶手）三部分组成。楼梯的最低和最高一级踏步间的水平投影距离为梯长，梯级的总高为梯高，如图 8-35、图 8-36 所示，图中 $10 \times 260 = 2600$ 为梯长；1450（9 等分）为梯高。

由于楼梯的构造一般都比较复杂，其各部分的尺度又比较小，在建筑平面图和建筑剖面图中很难将其表示清楚。因此，要用较大的比例画出详图来表示，以满足设计和施工的需要。

楼梯详图就是楼梯间平面图及剖面图的放大图。其组成如图 8-35、图 8-36 所示。为了满足工程上的需要，还要再画出楼梯的一些节点局部详图。如楼梯的扶手、踏步的详图等，如图 8-38 所示。

1. 楼梯平面图

楼梯平面图的形成和内容：楼梯平面图和建筑平面图一样，也是水平剖面图，三层以上的房屋也要画出房屋底层楼梯平面图、房屋顶层楼梯平面图和中间层的楼梯平面图，如图 8-35 所示。如果房屋中间各层楼梯都相同，只是标高不同时，就用一个标准层楼梯平面图来表示，如图 8-35 中标准层所示。

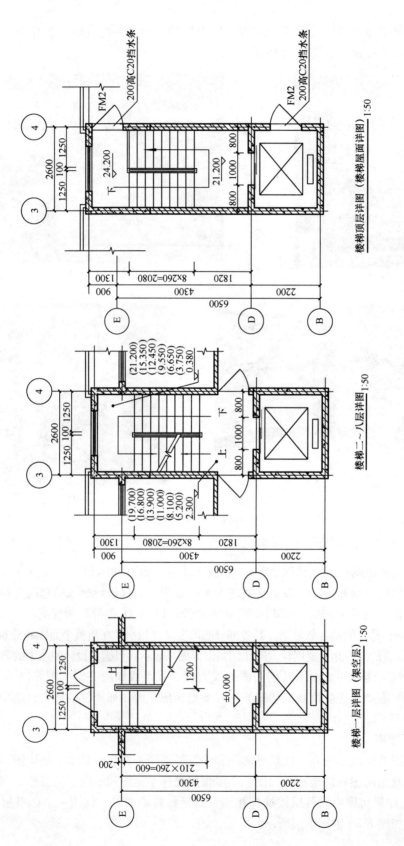

图 8-35　楼梯平面图

160

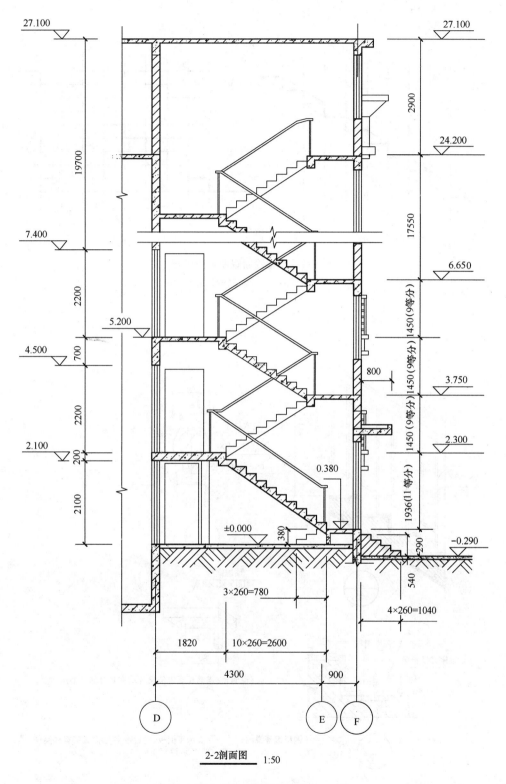

2-2剖面图 1:50

图 8-36 楼梯剖面详图

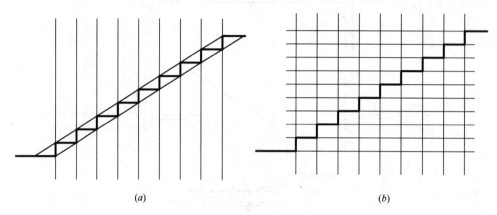

图 8-37　楼梯踢面踢面画法技巧

(a) 斜线法；(b) 方格网法

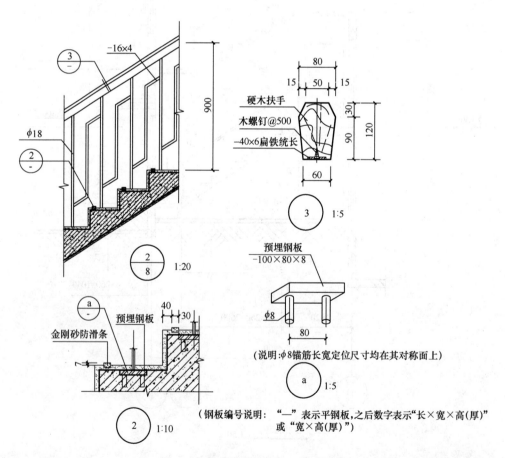

图 8-38　楼梯踏步、栏杆、扶手详图

在楼梯平面图中要表示楼梯间平面布置的详图情况，如楼梯间的尺寸大小、墙的厚度、楼梯上行或下行方向、踏面数和踏面宽度、楼梯平台和楼梯位置等如图 8-35 所示。

楼梯平面图是假想用剖切平面在各楼层地面或楼面的上方与楼面相距 1m 左右的部位剖切后，移去上面部分而向下投影得到楼梯平面图。如图 8-35 中楼梯一层详图（架空层），在其平面图上只表示出了第一层楼梯段部分的踏面的投影，折断线为其界限，这意味着该梯段上面一部分剖切后被移走，留下下面一部分的投影。注意，一层楼梯平面图中设置有三级台阶。

图 8-35 标准层详图是在二层楼 3.750m 之上水平剖切楼梯后移去上面部分，向下作投影而得到的平面图。因为假想有一个楼梯段被切断，所以看到了下面一部分梯段，二者以折断线为各自的界限组成标准层平面图。从图 8-35 标准层平面图中还可以了解楼梯间中间层之间的休息平台及楼梯上下的情形，如箭头所示。标准层平面图还标注了自身及其他标准层休息平台和楼梯间的标高尺寸。

楼梯的顶层已超出八层，在标高为 24.200m 之上水平剖切，移去上面部分而得到的平面图。由于没有切到楼梯梯段，所以在平面图中仅看到楼梯顶层及下层间的休息平台以及两个楼梯段各踏面的投影，同时，也看到了楼梯尽端的安全栏板。图中箭头表示了楼梯下的方向。在楼梯顶层平面图中可看到从电梯设备间和楼梯间通往屋面的两扇门。

在图 8-35 三个平面详图中，都同时展示了楼梯和电梯的相对位置关系。

2. 楼梯平面图的阅读

读楼梯详图一般先看楼梯平面详图。从楼梯平面详图中可了解楼梯的平面布置情况，如从房屋入口到室内首层地面需上几步台阶、每个楼梯段的步数是多少、每步的尺寸、楼梯井的尺寸、楼梯上下的方向等。还要注意与建筑平面图核对轴线、开间及进深尺寸，以及剖切平面的剖切位置，如图 8-35 所示。

3. 楼梯平面图的画法步骤

（1）根据设计规模和比例先选好图纸大小，确定图位后，先用细点画线画楼梯间定位轴线，用粗实线画楼梯间墙厚，包括电梯梯井，如图 8-35 所示。

（2）画楼梯的宽度，休息平台的宽度及楼梯段的长度。

（3）分楼梯踏面，并画楼梯断开线，其方向为 45° 斜细线。底层楼梯平面图中的断开线，应以楼梯每一个楼段上的休息平台与第一个楼梯段的分界处为起始点画出，目的是为了使第一段的长度保持完整。楼梯踏面轮廓用中实线绘制，如图 8-35 所示。

（4）用中实线画楼梯栏杆。用细实线出楼梯的上行和下行方向线，各楼梯段的上行或下行方向都是以各层楼地面为基准，箭头尾部注"上"字者为上行，注"下"字者为下行。

楼梯首层第一段起始处应画出踏步的起头，顶层楼梯应画出水平栏杆扶手或安全栏板，如图 8-35 楼梯顶层平面图所示。

（5）检查核对无误后即可按建筑平面图的线型，加深图线。

（6）标注尺寸、标高及文字说明。

8.7.5　楼梯剖面图

楼梯剖面图是用假想的剖切平面沿楼梯梯段方向作剖切后得到的剖面图，在作剖切后需注意投影方向，在楼梯剖面图中不仅要包含有被剖到的楼梯段，还要有未被剖到的楼梯段的投影。在楼梯剖面图中表示出楼梯段的长度、踏步级数、楼梯结构形式及所用材料，以及房屋地面、楼面、休息平台、栏杆和墙体的构造关系与做法，还要表示出楼梯各部分的标高及详图索引符号，如图8-36所示。

1. 楼梯剖面图及其详图的阅读

阅读楼梯详图及其详图，要注意以下问题：

阅读时要注意对照图8-17中的1-1剖切位置，仔细分析楼梯剖面图及其详图与图8-17上标注的1-1剖切位置之间的投影关系及投影方向。

要注意楼梯与墙等承重构件的结构关系，如平台与楼梯梁的搭接，平台与外墙的搭接、台阶的构造等，了解整体尺寸及材料，并弄清楚楼梯梯段的结构形式、踏面与踢面的具体尺寸、步级数等，图8-36梯段结构形式属于板式。

2. 画楼梯剖面图的步骤

画楼梯剖面图时先画平面图，再画楼梯剖面图。

举例说明：已知某建筑物楼梯间开间为2.6m，层高度2.9m（因一层为架空层不等于标准层高度，所以，本例题从二层地面开始确定层高），两侧砖墙均有200mm，踏步宽260mm、踏步高161mm，现画出该楼梯详图，如图8-35、图8-36所示。

具体算法如下：

(1) 先求梯级数。2.9（层高）÷0.161（每个踏步高度）=18梯级，宜划分两个楼梯段，每段9个梯级。

(2) 求踏步面所占的总长度。[(9−1)×260（踏步宽)]=2080mm

(3) 决定休息板宽。开间=2600−(2×100)=2400mm

若中间楼梯井为100mm，则每个楼梯段的梯宽为(2400−100)÷2=1150mm

休息板宽应大于或等于楼梯宽，现取1150mm。

(4) 确定标高。二层休息平台标高为3.37m，二层地坪为1.92m，三层地面为4.82m。

由上例可知，在楼梯平面图上楼梯梯段长=（踏步数−1）×每个踏步宽，见图8-35中"8×260=2080"。

在楼梯剖面图上，楼梯梯段高是：楼梯梯段高=（梯级数）×每个踏步高，见图8-36中"1450（9等分）"。

在以上计算所得的各部分尺寸基础上，开始绘图，具体步骤如下：

(1) 先画楼梯间的定位轴线、墙厚、层高、休息平台高。

(2) 画休息平台宽度及踏步总长，用斜线法或方格网法根据具体尺寸画踏面与踢面，如图8-37所示。

(3) 根据结构尺寸画出楼梯梁大小，休息板厚度及休息板与踏步的交接。

(4) 画栏杆（从踏步宽度中间向上引垂线，一般栏杆高为900mm）。

(5) 检查无误后，按建筑剖面图的线型粗细要求加深图线，被剖断面轮廓为粗实线；其余可见轮廓为中实线；窗扇、尺寸等为细实线。

(6) 加画剖面符号，尺寸数字及说明。

8.7.6　楼梯节点详图

如图 8-38 所示，是楼梯踏步、栏杆、扶手详图（大样）。因为楼梯的这些部位要求施工较精细，从预埋钢板施工到防滑条、扶手等都标注了详细的尺寸，所以，详图上标注的尺寸称为"建筑尺寸"。因图 8-38 详图所用比例均比较大，而且有较多的文字说明，为读图带来方便，这里就不再详细分解。

绘图的基本要求与其他详图相同，有关详图符号的规定如图 8-10 所示。

8.7.7　学习楼梯详图的相关知识

（1）了解楼梯踏步尺寸，见表 8-3。

常见的民用建筑楼梯适宜踏步尺寸　　　　　　　　　　表 8-3

名称	住宅	学校、办公楼	剧院、食堂	医院	幼儿园
踢面高 mm	156～175	140～160	120～150	150	120～150
踏面宽 mm	250～300	280～340	300～350	300	

（2）楼梯的构造形式很多，一般分为：

1）整体式楼梯，为现场浇筑的钢筋混凝土楼梯。

2）装配式楼梯，又有踏步预制、现场安装及整个楼梯段预制现场安装两种。

3）楼梯梯段结构形式，板式和梁板式，如图 8-36、图 8-38 为板式。

4）楼梯的特殊类型：包括替代楼梯的自动扶梯和垂直升降的电梯，如图 8-34（b）、(c) 所示。

8.7.8　阳台详图

在建筑施工图平、立、剖中所设计的阳台，是以结构设计为主的，尺寸标注也属于结构尺寸，虽然在这个阶段已经完成预埋件的施工，可是因比例所限在平、立、剖图中仍无法表达出来，还有护栏的设计与施工都遇到类似问题。这就要求专门为阳台绘制更大比例的图，方便设计、看图、施工，如图 8-39 所示。

阳台的结构特点除护栏为钢结构外，其余结构和安装，还有标注的规则等与外墙节点详图、飘窗详图、楼梯踏步、栏杆、扶手详图基本一致。

图 8-39 立面图上方"　"标注，意味以此为基准，标注为 1100mm 长的护栏与标注为 2150mm 长的护栏相互垂直。

8.7.9　百叶窗详图

设计安装百叶窗是为使空调主机不外露，而且通风散热效果好，使建筑物整体美观整洁。

详见本案例百叶窗详图（图 8-40）。

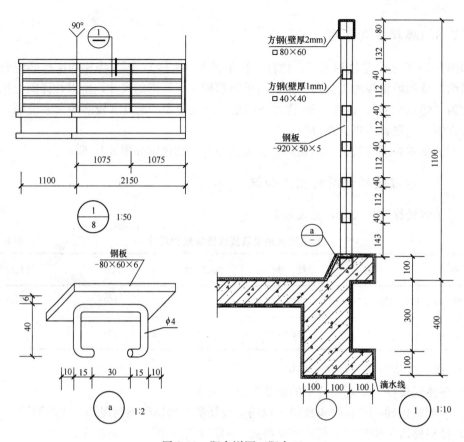

方钢(壁厚2mm)
□80×60

方钢(壁厚1mm)
□40×40

钢板
—920×50×5

钢板
—80×60×6

滴水线

图 8-39　阳台详图（阳台 3）

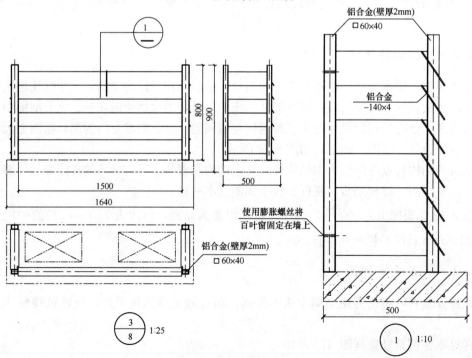

铝合金(壁厚2mm)
□60×40

铝合金
—140×4

使用膨胀螺丝将
百叶窗固定在墙上

铝合金(壁厚2mm)
□60×40

图 8-40　百叶窗详图

8.8 建筑施工图综述

建筑施工图的各种图样基本都是按正投影法画的。有的是建筑物的外形图，有的是对房屋作假想剖切后的剖面图，运用这些外形图及剖面图将一幢建筑的结构、轮廓清晰的表达出来。有些不详尽的部位，再画出它的各种详图。在图样中还运用了各种国标规定、代号、图例，所以建筑工程图是有规律，有规格，有标准化要求的工程图纸。它是把投影原理应用到建筑物生产的图纸上，以此表述技术思想和建造房屋的重要图示语言，在学习中要掌握各种建筑施工图所表述的内容及图示特点，并注意各种建筑施工图之间的连接关系。在学习了建筑施工图以后，就要综合起来，研究建筑施工图的整体阅读及其绘制方法。

8.8.1 建筑施工图的综合阅读

在综合阅读施工图之前，先要看图纸的总说明及图纸目录，然后再阅读图纸。对于小规模房屋的平、立、剖图均可画在同一张图纸上，应保持高平齐、长对正、宽相等的投影关系。如果所画的建筑物体量很大，虽不能把平、立、剖图画在同一张图上，但它们之间的投影关系，读图方法却仍然是不变的。所以在阅读建筑施工平、立、剖图时，按投影关系来分析，就可概括地了解所表示的某幢房屋的总体形状和外貌以及内部各房间的分布、联系、各部分的大小和相对位置等。

(1) 了解整个房屋的形状外貌。根据建筑施工平面图中各承重墙的定位轴线的编号与立面图上相应的定位轴线相对照，再根据施工平面图上的门窗位置与立面图上的门窗形状和位置相对照，再看各标注说明，就可以了解到房屋的各结构布局及外形。

(2) 了解建筑物内部空间。可根据施工平面图上的各房间、楼梯、隔墙及其他设备的布置情况与剖面图中的相对位置、标高及尺寸关系相对照，就可了解及想象出房屋内部空间的组合关系。

(3) 了解建筑物高度方向结构关系。立面图的门、窗、檐口、阳台、雨篷等形状和位置与剖面图上相应部位对照，便可了解房屋各结构在高度方向的位置关系和它们的大小。

(4) 了解建筑物细部的设计与施工。通过详图索引，认真阅读其详图，了解建筑物细部较复杂部位和特殊构造、装饰做法、配件的形状以及详细的尺寸。

这样对建筑物的形状、大小、构造、尺寸由外到内、由大到小、就会有个全面的了解。

第9章 结构施工图

建筑物通常由基础、楼板、墙体、梁（如主梁、次梁）、柱、屋面板等构件组成，如图9-1所示。这些构件按一定的构造和连接方式组成空间结构体系以支撑和传递建筑物的各种荷载，故在建筑工程设计中，除进行建筑设计绘制建筑施工图外，还需进行结构设计绘制结构施工图。

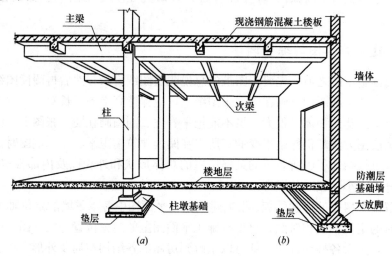

图9-1　内框架结构示意图
(*a*) 独立柱基础；(*b*) 条形基础

结构设计主要包括：根据建筑设计的要求进行结构选型和构件布置，通过力学计算确定各承重构件的形状、大小、材料等，将设计结果绘制成图样，对应的图样称为结构施工图（简称结施）。

9.1 概　要

9.1.1 结构施工图的内容和用途

1. 建筑物结构的分类

按建筑物承重构件使用的材料不同，可分为钢筋混凝土结构、钢结构、砖木结构、砖混结构、木结构等；按结构形式的不同，可分为框架结构、框架剪力墙结构、排架结构等。

2. 结构施工图的内容

结构施工图主要表示建筑结构的结构类型、结构布置，建筑构件的种类、数量、形状、内部构造及构件之间的相互连接等，主要包括：

1）结构设计说明

对建筑物的地基情况与基础选用，设计荷载的取值，选用的建筑结构类型、主要材料的强度等级、类型规格、构造要求及该工程设计遵循的标准、规范等进行说明。

2）结构平面布置图

结构平面布置图是表示房屋中各层承重构件的整体布置图样，主要包括：楼层结构平面布置图、屋面结构平面布置图。

3）基础施工图

4）构件详图

主要包括：梁、板、柱、基础结构详图，楼梯结构详图，屋架结构详图，其他结构详图。

3. 结构施工图的用途

结构施工图主要用来作为施工放线、开挖基槽、制作构件、安装构件、计算工程量、编制工程预算和施工组织设计等的依据。

9.1.2　结构施工图常用构件代号

房屋结构的各基本构件，如梁、板、柱等，构件种类繁多结构布置复杂，为了图示简明扼要清晰，便于查阅、制表、施工，把每类构件编予代号。结构施工图中常用构件代号见表9-1。

常用结构构件代号　　　　　　　　　　　表9-1

序号	名　称	代号	序号	名　称	代号
1	板	B	16	屋面框架梁	WKL
2	密肋板	MB	17	框架	KJ
3	墙板	QB	18	刚架	GJ
4	楼梯板	TB	19	支架	ZJ
5	天沟板	TGB	20	屋架	WJ
6	盖板	GB	21	柱	Z
7	空心板	KB	22	框架柱	KZ
8	梁	L	23	构造柱	GZ
9	圈梁	QL	24	阳台	YT
10	过梁	GL	25	基础	J
11	连系梁	LL	26	预埋件	M
12	基础梁	JL	27	钢筋骨架	G
13	楼梯梁	TL	28	托架	TJ
14	屋面梁	WL	29	天窗端壁	TD
15	吊车梁	DL	30	桩	ZH

9.2　钢筋混凝土构件简介

9.2.1　钢筋混凝土结构基本知识

1. 混凝土的组成及级别

混凝土简写"砼"（tóng）—即人工石，是由水泥、砂子、石子和水按一定的配合比浇捣、养护、凝固而成。其特点是坚硬如石，受压性能较好但受拉性能较差，容易因受拉而断裂，如图 9-2（a）所示。

为了提高混凝土的抗拉能力，常在混凝土受拉区域配置一定数量的钢筋，使两种材料粘结成一个整体共同承受外力。这样的构件称为钢筋混凝土构件，如图 9-2（b）所示。

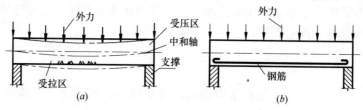

图 9-2　钢筋混凝土梁受力示意图

根据工程施工中钢筋混凝土构件的制作过程及混凝土内钢筋的受力情况，可分为：现浇钢筋混凝土构件、预制钢筋混凝土构件及预应力钢筋混凝土构件。其中的预应力钢筋混凝土构件，因在制作时通过张拉钢筋对混凝土施加了一定的压力，可提高构件的抗裂性能。

混凝土根据抗压强度的不同分为不同的强度等级，常用混凝土强度等级由低到高分为C10、C15、C20、C30、C40、C50、C60 等。

2. 钢筋的表示法

1）钢筋的分类和作用

如图 9-3 所示，配置在钢筋混凝土构件中的钢筋根据其受力状态，可分为：

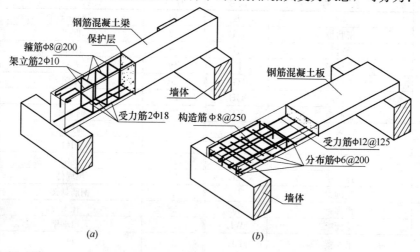

图 9-3　钢筋混凝土构件配筋示意图
（a）钢筋混凝土梁；（b）钢筋混凝土板

受力筋——主要承受拉力或压力的钢筋，常用于梁、板、柱等钢筋混凝土构件中。

箍筋——用于固定受力筋位置，并承受一部分斜拉应力，常用于梁、柱中。

架力筋——与受力筋、箍筋一起形成钢筋骨架，并固定箍筋位置，一般用于梁中。

分布筋——用于板内，与受力筋垂直，用来固定受力筋的位置并与之构成钢筋网，以抵抗热胀冷缩引起的温度变形。

2）钢筋的级别和代号

根据钢筋混凝土结构设计规范，建筑中常用钢筋按种类等级不同，分别给予不同直径代号和标示方法。如表 9-2 所示，其中 f_y、f_y' 分别为普通钢筋的抗拉、抗压强度设计值。

常用钢筋的种类和代号（N /mm²）   表 9-2

种　　类	符号	f_y	f_y'	备　　注
HPB300	Φ	210	210	光圆钢筋（Ⅰ级钢筋）
HRB335	Φ	300	300	带肋钢筋（Ⅱ级钢筋）
HRB400	Φ	360	360	带肋钢筋（Ⅲ级钢筋）
RRB400	ΦR	360	360	带肋钢筋（新Ⅲ级钢筋）

3）钢筋的弯钩和简化画法

为了提高钢筋与混凝土之间的粘结力，HPB300 光圆钢筋的两端需做成半圆弯钩或直弯钩，箍筋两端在交接处也需做出弯钩，其形状和尺寸如图 9-4（a）、（b）所示。

另外，在现浇板的配筋设计中，根据力学需要常会在支座处的板顶层设置一系列负弯矩受力筋，加上原有的底部受力筋，就形成了双层钢筋，如图 9-3（b）所示。为了在平面图中表示出上部、下部钢筋的配置（如图 9-7 所示），规定底层钢筋的弯钩应向上或向左，顶层钢筋的弯钩应向下或向右，如图 9-4（c）所示。

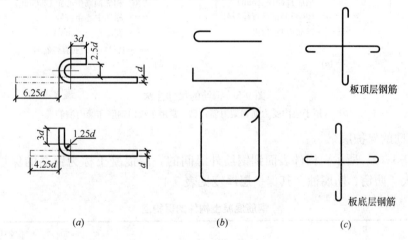

（a）　　　　　　　　　（b）　　　　　　　　　（c）

图 9-4　钢筋和箍筋的弯钩示意图

（a）钢筋弯钩的计算；（b）钢筋简化画法；（c）双层钢筋的平面图表示法

4）常用钢筋图例及搭接方式（见表 9-3）

当采用 HRB335 钢筋或 HRB335 级以上的钢筋，因其表面带有突纹与混凝土的粘结力较好，故两端一般不必做弯钩。需指出，因 HRB335 钢筋或 HRB335 级以上的钢筋两端不做弯钩，故当几根钢筋重叠时，在立面图上就表示不出钢筋的终端位置。在制图规范中统一规定用 45°方向的粗短线作为无弯钩钢筋的终端符号。常用钢筋图例及搭接方式见表 9-3。

名　称	图　例
带直弯钩的钢筋端部	
带半圆弯钩的钢筋端部	
无弯钩的钢筋端部（长短钢筋重叠时，可在短钢筋端部用 45°短划线表示）	
无弯钩的钢筋搭接	
带直弯钩的钢筋搭接	
带半圆弯钩的钢筋搭接	
预应力钢筋或钢绞线（用粗双点画线）	

5）钢筋的尺寸标注方法

钢筋的根数、直径、相邻钢筋中心距（梁内箍筋、板内钢筋）一般采用引出线标注，如图 9-5 所示。

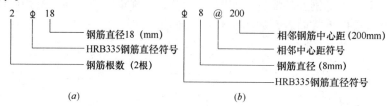

（a）　　　　　　　　（b）

图 9-5　钢筋的尺寸注法

（a）常用于梁内受力筋和架力筋；（b）常用于板内钢筋和梁内箍筋

6）钢筋的保护层

如图 9-3（a）所示，构件表面到钢筋外缘间的一层混凝土称为钢筋的保护层，可保护钢筋防火、防锈、防腐蚀。其保护层厚度见表 9-4。

钢筋混凝土构件的保护层 表 9-4

钢　筋	构　件　名　称		保护层厚度（mm）
受力筋	板	断面厚度≤100mm	10
		断面厚度＞100mm	15
	梁和柱		25
	基础	有垫层	35
		无垫层	70
箍筋	梁和柱		15
分布筋	板和墙		10

9.2.2 钢筋混凝土构件图示方法

尽管在建筑结构施工图中钢筋混凝土结构施工图平面整体表示法（简称平法）已逐步取代传统表示法，但与平法相配套的标准构造详图采用的图示方法，仍然是通过正投影法来获得。故对单个构件如梁、板、柱来说，通过传统表示法来学习识读钢筋混凝土构件是读懂钢筋混凝土结构施工图的关键。

图9-6、图9-7中，是某钢筋混凝土框架结构公寓的②轴框架梁、柱部分配筋详图及现浇板配筋详图，均为传统图示法，其中梁、柱采用立面图和断面图表示。图中构件的外

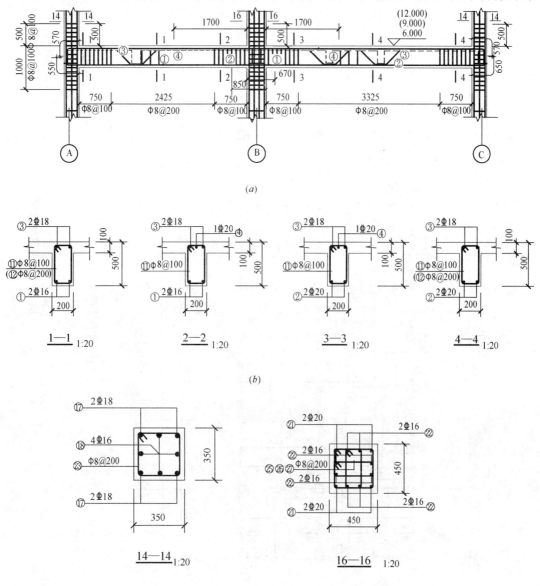

图 9-6 公寓②轴框架梁、柱配筋详图

(a) 框架梁、柱配筋立面图 1:50；(b) 框架梁断面图；(c) 框架柱断面图

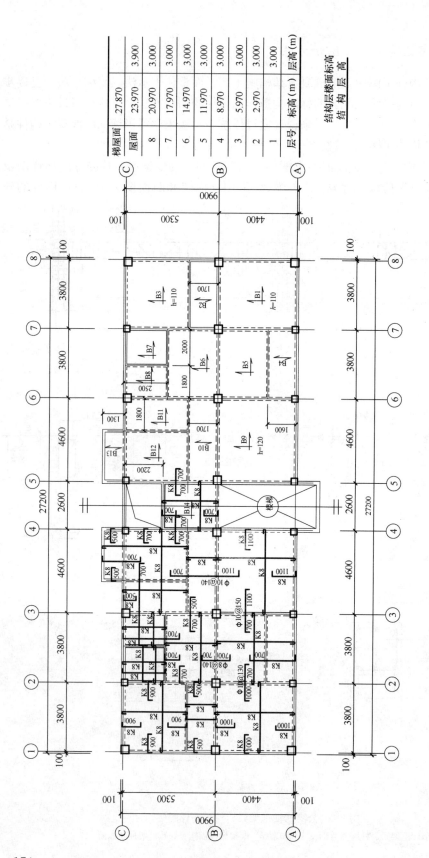

结 构 层 楼 面 标 高
结 构 层 高

层号	标高 (m)	层高 (m)
屋面	27.870	3.900
8	23.970	3.000
7	20.970	3.000
6	17.970	3.000
5	14.970	3.000
4	11.970	3.000
3	8.970	3.000
2	5.970	3.000
1	2.970	3.000
梯屋面		

标准层板配筋图 1:100

说明: 1. 板厚除特别标注外，其余均为100mm；

　　　 2. 混凝土强度等级为C25，钢筋强度等级为 HPB300级；

　　　 3. K8钢筋表示Φ8@150，单向板的分布钢筋为Φ8@250。

图 9-7　公寓现浇板配筋图

174

形轮廓线用细线或中粗线画出，粗实线和黑圆点（立面图中）表示配筋的所在，图内不画材料图例。

1. 钢筋混凝土梁配筋图

如图 9-6（a）、（b）所示，为一根两跨钢筋混凝土框架梁。从图中可了解该梁的跨度、断面尺寸、梁端的支撑情况及各部分钢筋的配置情况。

现以断面图 2-2 为例：

1）梁截面尺寸为 200mm×500mm；

2）③号钢筋 2Φ18：表示梁上部的通长筋或架立筋为 2 根直径 18mm 的 HRB400 钢筋；

3）④号钢筋 1Φ20：表示放在框架梁 KL 与Ⓑ柱交接处的支座受力钢筋为 1 根直径 20mm 的 HRB400 钢筋，在ⒶⒷ间伸出的长度为 1700mm，在ⒷⒸ跨间伸出的长度也为 1700mm，该钢筋长度由相应制图规则和构造详图规范确定，与梁的跨度有关；

4）①号钢筋 2Φ16：表示梁下部为 2 根直径为 16mm 的 HRB400 级纵向钢筋；

5）⑪号钢筋Φ8 @100：表示梁内箍筋是直径为 8mm 的 HPB300 级钢筋；

对其他部位作进一步分析：

6）在Ⓑ轴柱两端的标注尺寸 850mm、670mm，分别为梁底部①、②纵向钢筋的锚固长度，从伸入柱内处至钢筋端部；

7）在Ⓐ轴柱左端，标注的尺寸 550mm、570mm 分别为梁内端部钢筋的锚固长度，从伸入柱内处量至钢筋端部，550mm 为下部纵筋的锚固长度，570mm 为上部纵筋的锚固长度；最左侧标注的尺寸 1000mm、500mm，是Ⓐ轴柱对应㉓㉔双肢箍筋（复合箍）φ8 @100 的加密间距尺寸；

8）在Ⓐ、Ⓑ、Ⓒ轴柱最下部几处 750mm，依次是该二跨框架梁在靠近支座处的⑪号箍筋Φ8@100 的加密长度，非加密区长度为 2425mm、3325mm；

9）框架梁、柱立面图中的虚线为不可见的次梁及楼面板的轮廓线，用细虚线（或中虚线）表示；

10）框架梁立面图的中部斜筋，为框架梁与次梁交接处的吊筋。吊筋不需贯通，所用钢筋级别及长度等无需进行力学计算，按构造要求设置。

2. 钢筋混凝土柱配筋图

钢筋混凝土柱配筋图的图示方法与梁配筋图基本相同，但对于工业厂房的钢筋混凝土柱等复杂构件，除画出配筋图外，还需画出模板图和预埋件详图。

图 9-6（a）、（c）所示为三根钢筋混凝土框架柱，14-14 断面图对应Ⓐ、Ⓒ柱，16-16 断面图对应Ⓑ柱。从图中可了解各柱的断面尺寸、柱端的连接情况及各部分钢筋的配置情况，Ⓐ、Ⓒ柱内为双肢箍，Ⓑ柱为四肢箍。

现以断面图 16-16 为例：

1）柱截面尺寸为 450mm×450mm；

2）柱截面上下二处的㉑号钢筋 2Φ20 表示在柱的四个端头各有 1 根直径为 20mm 的 HRB400 纵向钢筋；

3）柱截面中部四处的㉒号钢筋 2Φ16 表示柱内沿每个侧面中部纵向钢筋为 2 根直径为 16mm 的 HRB400 钢筋，共 8 根；

4）该柱内箍筋为四肢箍（也称复合箍筋），㉕㉖㉗号钢筋Φ8@200表示该四肢箍由三种不同形状的直径为8mm的HPB300钢筋组成，箍筋间距为200。

3. 钢筋混凝土板

房屋建筑工程中，常用楼板有预制预应力空心板、现浇板两种。因预制预应力空心板是定型构件，配有标准图集不必绘出详图，我们只重点介绍现浇板的情况。

如图9-7中所示，为该公寓标准层现浇板配筋详图。因该建筑左右对称，故只需画出左部①—⑤轴的配筋详图，右部相同对应处用编号表示。

现以⑦—⑧轴的板B1为例：

1）该板为双向板，板厚110mm，配筋详图见对应的①—②轴处。由图9-4可知钢筋弯钩的不同朝向表示钢筋在现浇板中的上或下位置；

2）K8钢筋（设计院习惯用法）在此表示Φ8@150；

3）该板纵向贯通、横向贯通的受力筋均为Φ8@150，放置在板底层；

4）靠近支座处，在板上部分别配置非贯通的长度为1000mm的Φ8@150和长度为1000＋700（分跨在②轴支座两端）的Φ10@130的构造筋。

图中B10，由于板跨小，采用单向配筋。

9.3　结构平面布置图

9.3.1　概述

表示建筑物上部各层平面承重构件布置的图样，称为结构平面布置图。它是根据正投影的原理，假想沿房屋楼板面进行水平剖切并从上向下进行投射所得。

结构平面布置图主要表示各楼层的承重构件例如楼板、梁、柱、墙的平面布置，一般分为楼层结构平面布置图和屋顶结构平面布置图。对于多层建筑，与建筑施工图一样，结构布置情况相同的楼层可只画一个标准层结构平面布置图，并注明对应各层的层数和结构标高。当底层地面直接做在地基上时，它的层次、做法、用料已在建筑详图中画出，故无需画出底层结构平面布置图。本节仅讲解楼层结构平面布置图。

9.3.2　楼层结构平面布置图

1. 比例及图线

楼层结构平面布置图的常用比例为1：50和1：100。图中的定位轴线及编号应与建筑平面图一致，并需标注出定位轴线间的尺寸及总尺寸。

楼层结构平面布置图中，构件应采用轮廓线表示，能够用单线表示清楚的可用单线表示。可见的梁、柱、墙轮廓用中实线绘制，不可见的梁、柱轮廓用中虚线绘制，楼板下不可见的墙体用细虚线绘制，板的轮廓线用细实线绘制。

2. 代号及编号

楼层结构平面布置图中需用代号和编号来标记梁、柱、板等构件，常用代号可见表9-1。

3. 读图示例

如图9-8所示，为前述钢筋混凝土框架结构公寓的标准层结构平面布置图。图中虚线

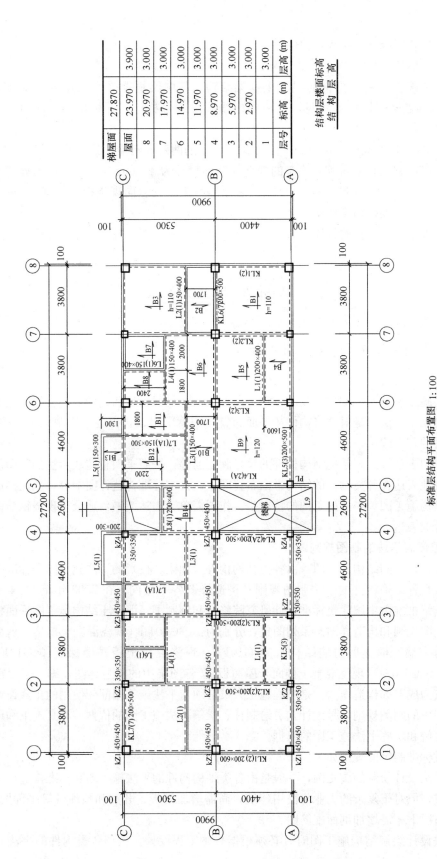

结构层楼面标高 结 构 层 高		
层号	标高 (m)	层高 (m)
塔屋面	27.870	3.900
屋面	23.970	3.000
8	20.970	3.000
7	17.970	3.000
6	14.970	3.000
5	11.970	3.000
4	8.970	3.000
3	5.970	3.000
2	2.970	3.000
1		3.000

标准层结构平面布置图 1:100

图 9-8 公寓结构平面布置图

为不可见的构件轮廓线（被楼板挡住的梁或墙），如果是梁则需在梁的一侧标注梁的代号，如果是墙则不必标注。

由图可知，该住宅建筑为钢筋混凝土框架结构。其中梁根据受力特点分为框架梁KL、梁 L，因均被楼板挡住不可见，故用中虚线画出编号标注，并标出梁、柱的断面尺寸。

例如，KL1 (2) 200mm×600mm，表示编号为 1 的两跨框架梁，断面尺寸 200mm×600mm；KZ1 450×450，表示编号为 1 的框架柱断面尺寸为 450mm×450mm；因该建筑全部采用现浇板，B1（带矢量符号）$h=110$，表示编号为 1 的双向现浇板，板厚 110；楼梯间的结构布置详见楼梯结构详图。

关于钢筋混凝土梁、柱的具体构造情况，将在梁平法施工图、柱平法施工图中进一步标注。

9.4　平面整体表示法

9.4.1　平面整体表示法的制图规则

1. 概述

建筑结构施工图平面整体设计表示方法，简称平法，是我国目前钢筋混凝土结构施工图设计的主要表示方法，是对"将构件从平面布置图中索引出来，再逐个绘制配筋详图"的传统表示法的重大改革。

平法制图的表达方式，是把结构构件的尺寸和配筋等，按照平面整体表示法的制图规则，整体直接地表达在各类构件的结构平面布置图上，再与标准构造详图配合，从而构成一套完整的结构施工图。平法施工图的特点是：作图简单、表达清晰，适合于现浇钢筋混凝土梁、柱等的表达。

2. 平面整体表示法的制图规则

按平法设计绘制的结构施工图，由各类结构构件（如梁、柱）的平法施工图和标准构造详图组成，且各结构构件的平法制图规则及构造详图各不相同。在 2003 年至 2004 年间，建设部陆续批准由中国建筑标准设计研究院修订和编制了《混凝土结构施工图平面整体表示方法制图规则和构造详图》系列图集，分别为：03G101-l（现浇混凝土框架、剪力墙、框架—剪力墙、框支剪力墙结构）、03G101-2（现浇混凝土板式楼梯）、04G101-3（筏形基础）、04G101-4（现浇混凝土楼面与屋面板）。各图集中的构造详图，编入了目前国内常用的较为成熟的构造作法，是工程施工人员必须与平法施工图配套使用的正式设计文件。各图集中的制图规则，是设计人员绘制柱、梁等平法施工图的依据，亦是施工和质监人员正确理解和实施平法施工图的依据。

国家建设标准制定的规则如下：

(1) 按平法设计绘制的施工图，一般是由各类结构构件的平法施工图和标准构造详图两大部分构成，但对于复杂的工业与民用建筑，尚需增加模板、开洞和预埋件等平面图，只有在特殊情况下才需增加剖面配筋图。

(2) 平法设计绘制结构施工图时，必须根据具体工程设计，按照各类构件的平法制图规则，在按结构（标准）层绘制的平面布置图上直接表示各构件的尺寸、配筋和所选用的标准构造详图。出图时，宜按基础、柱、剪力墙、梁、板、楼梯及其他构件的顺序排列。

（3）在平面布置图上表示各构件尺寸和配筋的方式，分平面注写方式、列表注写方式和截面注写方式三种。

（4）按平法设计绘制结构施工图时，应将所有的构件进行编号，编号中含有类型代号和序号等。其中，类型代号的主要作用是指明所选用的标准构造详图。在标准构造详图中，也应按其所属构件类型注明代号，以明确该详图与平法施工图中相同构件的互补关系，使两者结合构成完整的结构设计图。

（5）按平法设计绘制结构施工图时，应当用表格或其他方式注明包括地下和地上各层的结构层楼（地）面标高、结构层高及相应的结构层号。其结构层楼面标高和结构层高在单项工程中必须统一，以保证基础、柱与墙、梁、板等用同一标准竖向定位。为施工方便，应将统一的结构层楼面标高和结构层高分别放在柱、墙、梁等各类构件的平法施工图中。

为了保证施工人员能够准确按平法施工图进行施工，在结构设计总说明中必须写明以下内容：

（1）注明所选用平法标准图的图集号（如 03G101-1），以免图集升版后在施工中用错版本。

（2）写明混凝土结构的使用年限。

（3）当有抗震设防要求时，应写明抗震设防烈度和结构抗震等级，以明确选用相应抗震等级的标准构造详图；当无抗震设防要求时，也应写明，以明确选用非抗震的标准构造详图。

（4）写明柱、墙、梁各类构件在其所在部位所选用的混凝土强度等级和钢筋级别，以确定相应纵向受拉钢筋的最小锚固长度及最小搭接长度等。

本节以梁、柱为例，简单介绍目前常用的现浇钢筋混凝土梁、柱的平法制图规则。

9.4.2 梁平法施工图表示法

梁平法施工图是在梁平面布置图上采用平面注写方式或截面注写方式，从不同编号的梁中各选一根，将其编号、定位尺寸、配筋的规格、数量直接绘制在梁平面布置图上。钢筋混凝土梁平法施工图应按楼层分别绘制，梁的平面布置情况及配筋均相同的楼层可只画一个标准层梁平法施工图。

需注意，平面图中定位轴线居中或贴柱边的梁，其定位尺寸不标注，只需标注梁的偏心定位尺寸。

本节以图 9-9 为例，简单介绍梁平法的平面注写方式。

在传统表达方法中绘制梁的配筋图需画出梁的立面图和断面图，如前图 9-6 所示，需在立面图中标注断面的剖切位置再索引出来另行绘制断面图，这样的表达方式非常繁琐。而采用平面注写方式表达时，则不需绘制断面图及对应的剖切符号。

梁的平面注写包括集中标注和原位标注两部分内容。集中标注表达该梁的通用数值，

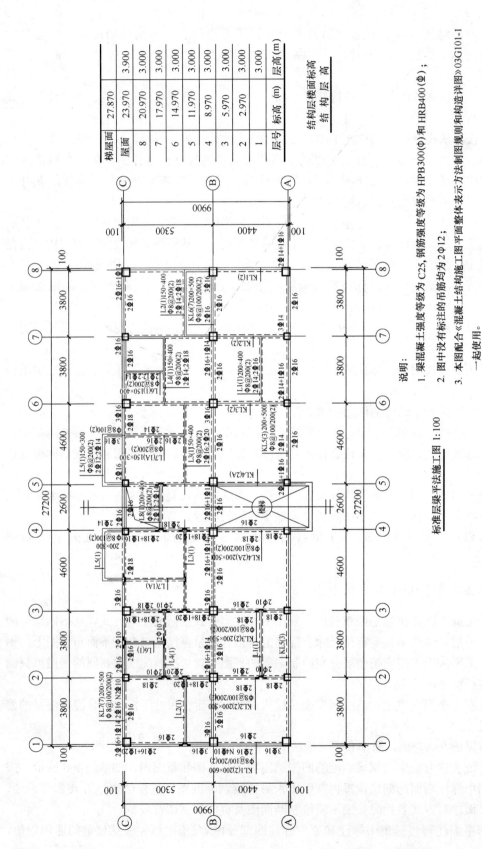

结构层楼面标高
结构层高

层号	标高 (m)	层高 (m)
梯屋面	27.870	3.900
屋面	23.970	3.000
8	20.970	3.000
7	17.970	3.000
6	14.970	3.000
5	11.970	3.000
4	8.970	3.000
3	5.970	3.000
2	2.970	3.000
1	标高 (m)	层高 (m)

说明：

1. 梁混凝土强度等级为 C25，钢筋强度等级为 HPB300(Φ) 和 HRB400(Φ)；

2. 图中没有标注的吊筋均为 2Φ12；

3. 本图配合《混凝土结构施工图平面整体表示方法制图规则和构造详图》03G101-1 一起使用。

标准层梁平法施工图 1:100

图 9-9 公寓梁平法施工图

包括：梁编号、梁截面尺寸、梁箍筋、梁上部贯通钢筋或架立筋以及梁的顶面标高高度差等。当该梁的某处与集中标注的某项数值不一样时，则直接将该处实际数值在原位标注——原位标注表达梁各部分的特殊性，如：梁支座处上部纵筋、梁下部纵筋、吊筋等。施工时，原位标注取值优先。

该公寓建筑为钢筋混凝土框架结构，此为（14.970－20.970）标准层梁平法施工图，其中的梁根据受力特点和作用分为框架梁 KL、梁 L，下面以②轴上的框架梁 KL2 及梁 L1 为例分别进行介绍。

1. 框架梁 KL2

（1）KL2（2）200mm×500mm：表示这是一根编号为 2 的框架梁，为 2 跨梁（括号中的 2），梁的截面尺寸为 200mm×500mm。

（2）Φ8@100/200（2）：表示梁内箍筋是直径为 8mm 的 HPB300 钢筋，靠近支座处的加密区箍筋间距为 100mm，非加密区箍筋间距为 200mm，为双肢箍（括号中的 2）。

（3）第三行 2Φ18：表示梁上部的通长筋或架立筋为 2 根直径为 18mm 的 HRB400 钢筋。

（4）在 KL2 原位靠近Ⓐ轴处 2Φ18：表示该位置上部配置含通长筋在内的所有纵向筋为 2 根直径为 18mm 的 HRB400 级钢筋；在 KL2 原位靠近Ⓑ轴处 2Φ18＋1Φ20：表示该位置上部配置含通长筋在内的所有纵向筋为 3 根，2Φ18 对称放在角部为对应通长筋，1Φ20 放在中部为支座受力钢筋；在 KL2 原位靠近Ⓒ轴处 2Φ18：钢筋配置与前述相同。

（5）在梁的另一侧 2Φ16：表示梁下部为 2 根直径为 16mm 的 HRB400 纵筋；在Ⓑ轴与Ⓒ轴跨间 2Φ20：表示梁下部为 2 根直径为 20mm 的 HRB400 纵筋。

（6）在框架梁 KL 与梁 L 交接处，常设置吊筋。吊筋不需贯通，所用钢筋级别及长度等不需进行力学计算，按构造要求设置。如靠近②轴处 2Φ10，结合前图 9-6，可知此处为 2 根弯起吊筋（图中用粗线绘出的弯起筋），是直径为 10mm 的 HPB300 钢筋。

2. 梁 L1

（1）第一行 L1（1）200mm×400mm：表示这是一根编号为 1 的梁，为 1 跨梁（括号中的 1），梁的截面尺寸为 200mm×400mm。

（2）第二行 Φ8@200（2）：表示梁内箍筋是直径为 8mm 的 HPB300 钢筋，箍筋间距为 200，为双肢箍（括号中的 2）。

（3）第三行 2Φ14；2Φ16：表示该梁上部配置纵向筋为 2 根直径为 14mm 的 HRB400 钢筋，下部配置纵向筋为 2 根直径为 16mm 的 HRB400 钢筋；

在①轴处 KL1 集中标注中的 N4Φ10 中，表示在梁中部两侧各配置 2 根直径为 10mm 的 HRB400 受扭钢筋（N 表示），以承受扭力。对于截面较高的梁，为了防止中部开裂，常在梁中部设置构造钢筋（G 表示）。受扭钢筋需经过力学计算来确定，锚固长度相对较长；构造钢筋按构造要求确定无需力学计算，锚固长度相对较短。

在④轴处，KL4（2A）中的 2A 表示该框架梁 KL4 为 2 跨单边悬臂梁（在Ⓒ轴处悬挑出）。单边悬臂梁用代号 A，双边悬臂梁用代号 B。

9.4.3 柱平法施工图表示法

柱平法施工图是在柱的结构平面布置图上，分别从相同编号的柱中选择一个截面，直接注写截面尺寸和钢筋配置的图样，分为列表注写方式和截面注写方式两种。

柱平法施工图设计绘制时，先按一定比例绘制柱的平面布置图，分别按照不同结构层（标准层），将全部柱绘制在该图上，并按规定注明各结构层的标高及相应的结构层号。然后，采用列表注写方式或截面注写方式表达柱的截面及配筋。柱的平面布置情况及配筋均相同的楼层可只画一个标准层柱平法施工图。本节以图 9-10 为例，介绍柱平法的截面注写方式。

图 9-10 为前述公寓建筑（11.970—23.970）标准层柱平法施工图，绘图比例 1：100。如图所示，依柱的不同构成分别编号为 KZ1、KZ2、KZ3、KZ4 四种。从不同编号的柱中各选一根，以放大的比例分别详细绘制，注写其配筋情况。

其中，不详细绘制的钢筋混凝土柱轮廓用粗实线绘制，仅标注柱的编号；详细绘制的钢筋混凝土柱用 1：20 或 1：25 的绘图比例绘制，其轮廓线用细实线表示，内部的钢筋用粗实线及黑圆点表示，在其旁注写柱编号、截面尺寸 $b \times h$、所配各种钢筋级别、直径及加密区与非加密区的箍筋间距。

现以③轴上用放大比例绘制的 KZ3 为例，详细说明平法表示柱配筋的方法：

（1）该柱引出线旁注写的第一行 KZ3 表示柱编号；

（2）第二行 450×450 为柱截面尺寸；

（3）第三行 4Φ20 表示柱的四个端头纵向钢筋为 4 根直径为 20mm 的 HRB400 钢筋；

（4）第四行 Φ8@100/200 表示柱内箍筋为直径为 8mm 的 HPB300 钢筋，加密区间距为 100mm，非加密区间距为 200mm；

（5）柱截面的左端及上端 2Φ16 表示柱内沿每个侧面中部纵向钢筋为 2 根直径为 16mm 的 HRB400 钢筋，共 8 根（该柱截面为对称配筋，可仅在一侧注写中部钢筋）。

9.4.4 结构施工图综合示例

如图 9-11、图 9-12 所示，为与第 8 章建筑施工图中住宅建筑相对应的标准层梁平法施工图及板配筋图，该建筑结构类型为钢筋混凝土框架结构，图中的涂黑部分为钢筋混凝土柱截面，由图可知该建筑采用异形柱。根据已学钢筋读图知识及平法制图规则，自行分析读图。

需指出，随着建筑业的飞速发展、新建筑材料的不断出现和广泛应用，以及对建筑结构要求的不断提高，各设计规范和制图规则也在不断更新。在进行结构施工图设计时，必须遵守相应的制图规则和设计规范。

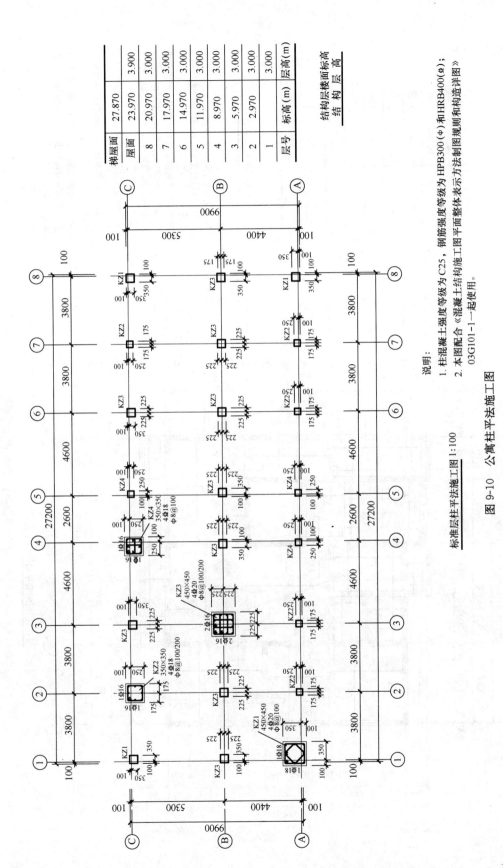

结构层楼面标高		
	塔屋面	27.870	3.900
	屋面	23.970	3.000
	8	20.970	3.000
	7	17.970	3.000
	6	14.970	3.000
	5	11.970	3.000
	4	8.970	3.000
	3	5.970	3.000
	2	2.970	3.000
	1		
	层号	标高 (m)	层高 (m)
	结 构 层 高		

说明：

1. 柱混凝土强度等级为C25，钢筋强度等级为HPB300（Φ）和HRB400（Φ）；

2. 本图配合《混凝土结构施工图平面整体表示方法制图规则和构造详图》03G101-1一起使用。

标准层柱平法施工图 1:100

图 9-10　公寓柱平法施工图

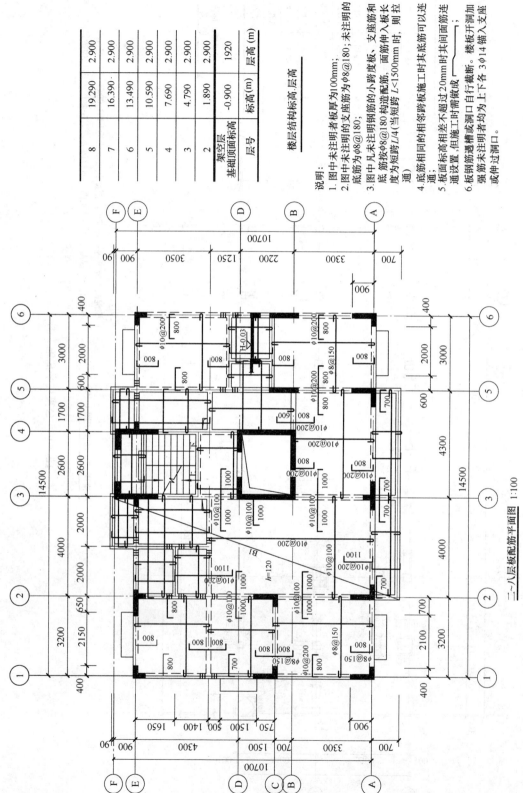

层号	标高(m)	层高(m)
8	19.290	2.900
7	16.390	2.900
6	13.490	2.900
5	10.590	2.900
4	7.690	2.900
3	4.790	2.900
2	1.890	2.900
架空层 基础顶面标高	-0.900	1920

楼层结构标高.层高

说明:

1. 图中未注明者板厚为100mm;
2. 图中未注明的支座筋为φ8@180;未注明的底筋为φ8@180;
3. 图中凡未注明钢筋的小跨度楼板、支座筋和底筋按φ8@180构造配筋,面筋伸入板长度为短跨L/4(当短跨L<1500mm时,则拉通);
4. 底筋相同的相邻跨楼板施工时其底筋可以连通;
5. 板面标高相差不超过20mm时其间面筋连通设置,但施工时需做成 ⌐ ;
6. 板钢筋遇槽或洞口自行截断。楼板平洞加强筋未注明者均为上下各3φ14 锚入支座或伸过洞口。

二~八层板配筋平面图 1:100

图 9-11　住宅楼板配筋平面图

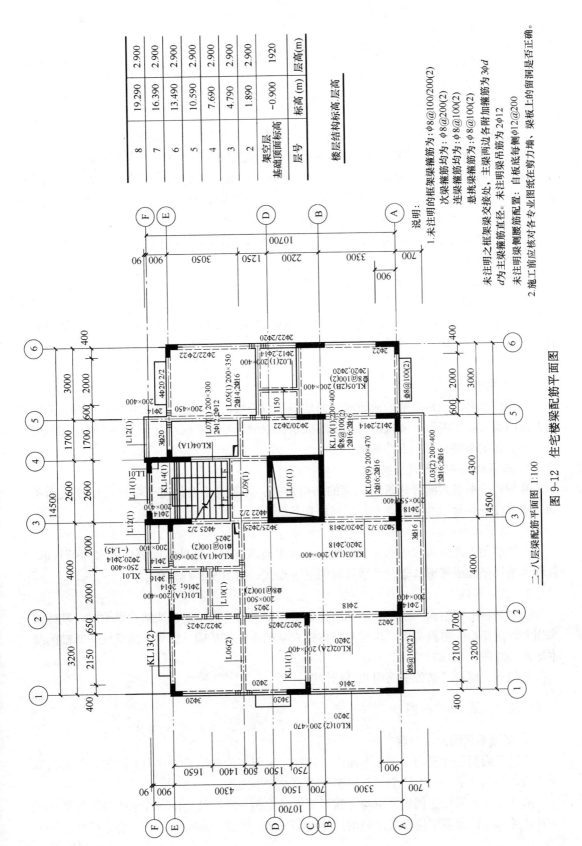

图 9-12 住宅楼梁配筋平面图

二～八层梁配筋平面图 1:100

楼层结构标高,层高

层号	标高(m)	层高(m)
8	19.290	2.900
7	16.390	2.900
6	13.490	2.900
5	10.590	2.900
4	7.690	2.900
3	4.790	2.900
2	1.890	2.900
架空层 基础顶面标高	-0.900	1920

说明:
1.未注明的框架梁梁箍筋为:φ8@100/200(2)
   次梁箍筋均为:φ8@200(2)
   连梁箍筋均为:φ8@100(2)
   悬挑梁箍筋为:φ8@100(2)
   未注明之框架梁梁交接处,主梁两边各附加箍筋为30d
   d为主梁箍筋直径。未注明梁吊筋为2φ12
   未注明梁侧腰筋配置:自板底每侧φ12@200,梁板上的剪力墙、
2.施工前应核对各专业图纸上的留洞是否正确。

185

9.5 基础施工图

9.5.1 基础简介

在建筑工程中，基础作为房屋的重要组成部分，是建筑物地面以下的承重构件，它承受建筑物上部结构传下来的全部荷载，并把这些荷载连同本身的重量一起传到地基上。地基是承受由基础传下来的荷载的土层。基坑是为基础施工而开挖的土坑，坑底是基础底面，基坑边线是施工测量放线的灰线。由室外地坪到基础底面的距离为基础的埋置深度。需指出，垫层是基础的组成部分之一，而地基不是基础的组成部分。

基础的类型较多，按所用材料及受力特点可分为刚性基础和非刚性基础，按构造形式可分为条形基础、独立基础、片筏基础、箱形基础等。

1. 按基础所用材料及受力特点分类

1）刚性基础

即由刚性材料制作的基础。刚性材料一般指抗压强度高，抗拉、抗剪强度较低的材料，例如砖、石、混凝土等均属于刚性材料。故砖基础、石基础、混凝土基础均为刚性基础。

2）非刚性基础

即柔性基础。当建筑物的荷载较大而地基承载力较小时，为了满足功能、工期、造价等方面的需要，在混凝土底板配以钢筋组成钢筋混凝土基础，以承受较大的弯矩。用钢筋混凝土制作的基础也称为柔性基础。

2. 按基础的构造形式分类

基础构造的形式随着建筑物上部的结构形式、荷载大小及地基土壤性质的变化而不同。本节仅介绍常用的墙下条形基础和独立基础。

1）墙下条形基础

当建筑物上部结构（或部分上部结构）采用墙承重时，基础沿墙身设置多为长条形，故称为条形基础或带形基础，是墙基础的基本形式，如图 9-1（b）所示。

2）独立基础

当建筑物上部结构（或部分上部结构）采用框架结构或单层排架结构承重时，基础常采用方形或矩形的单独基础，这种基础称独立基础或柱式基础。独立基础是柱下基础的基本形式，如图 9-1（a）所示。

基础施工图包括基础平面图和基础详图。

9.5.2 基础平面图

1. 基础平面图图示内容

基础平面图是假想用一个水平面沿房屋底层地面将房屋切开，移去上面部分，未回填土之前，将剩余部分从上往下进行投影所得到的全剖面图。

基础平面图采用比例通常应与建筑平面图的比例一致，其定位轴线也应与建筑平面图一致，并标注出房屋定位轴线之间的尺寸（即开间、进深）和房屋总长、总宽尺寸。

在基础平面图中，剖切到的钢筋混凝土柱需涂黑，其余可见部分如基础外轮廓、基础梁等均用细线绘制。同一幢房屋由于各处所受荷载有别及不同部位的地基承载力不同，所用基础的尺寸及构造也会有所不同。在独立柱基础的平面图中，可用编号 J1、J2…表示，在基础详图中对应绘出其具体配筋情况

2. 阅读图例

如图 9-13 所示，为前述钢筋混凝土框架结构公寓的基础平面图。由图示可知：该建筑采用独立柱基础，涂黑方框表示被剖到的钢筋混凝土框架柱；柱间沿定位轴线的构件根据受力特点，分别为框架基础梁及地梁；柱外用细线绘制的矩形框是独立基础的外轮廓，分别用编号 J1、J2……表示。各独立基础的具体配筋情况另见基础详图（图 9-13）。

9.5.3 基础详图

基础平面图中只表明了基础的平面布置情况，基础各部分的具体构造并没有表达出来，还需进一步绘制各部分的基础详图。

独立基础详图由断面图和平面图组成，常用绘图比例为 1：20。图 9-14 所示为前述钢筋混凝土框架结构公寓的独立基础 J-1 的详图。外轮廓线用细实线表示，内部的钢筋用粗实线及黑圆点表示，在其旁注写柱编号、截面尺寸 $b×h$、所配各种钢筋级别、直径及加密区与非加密区的箍筋间距。

由 2-2 断面图可知，该基础为阶梯状，下部垫层为 100mm 厚的细石混凝土，基础底面标高为－2.650m，并可了解基础底板配筋及柱子的插筋情况。

由平面图可知，该基础 J-1 的平面尺寸为 2500mm×2500mm，柱断面为 400mm×400mm。该平面图采用局部剖面图的形式，标明该基础底板为双向配筋，均为 Φ 12 @150。

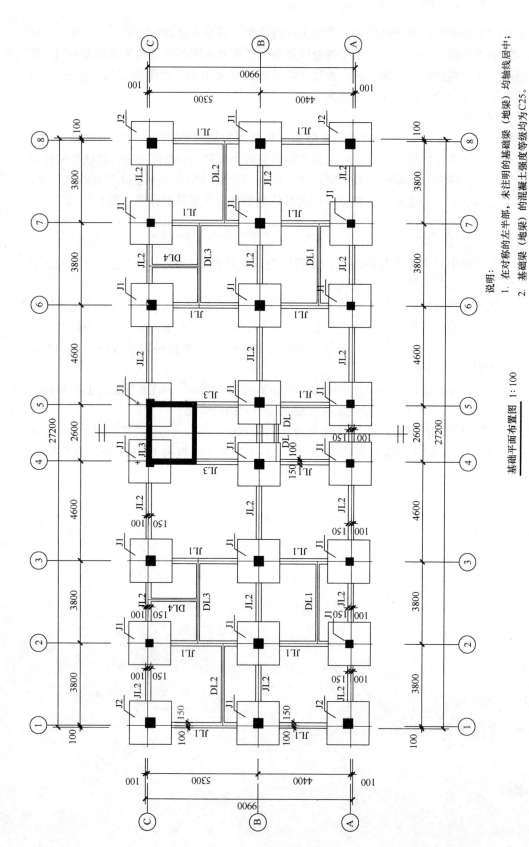

基础平面布置图 1:100

图 9-13　公寓基础平面布置图

说明：
1. 在对称的左半部，未注明的基础梁（地梁）均轴线居中；
2. 基础梁（地梁）的混凝土强度等级均为C25。

188

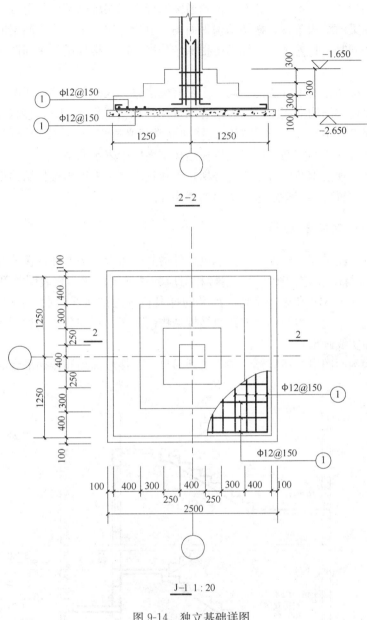

图 9-14　独立基础详图

9.6　楼梯结构详图

楼梯结构详图包括楼梯结构平面图、楼梯剖面图和配筋图等图样。主要表达楼梯结构形式、尺寸、材料以及构造做法，以指导楼梯结构施工。本节以建筑施工图中住宅楼的楼梯结构详图为例，说明楼梯结构详图的图示特点。

9.6.1　楼梯结构平面图

楼梯结构平面图的图示要求和楼层结构平面图基本相同，也是用水平剖面图的形式来表达，但水平剖切的位置不同。其剖切位置通常选择在每层楼梯平台的上方，以表示平台板、梯段和楼梯梁的结构布置。楼梯结构平面图一般应分层画出，当中间层的结构布置及构件类型完全相同时，只需画一个标准层楼梯结构平面图。楼梯结构平面图常用 1：50 的比例绘制。

钢筋混凝土楼梯按施工方法的不同，主要有现浇整体式和预制装配式两种：预制装配式楼梯必须画出楼梯结构平面图，以表示各承重构件如楼梯梁（TL）、楼梯板（TB）、平台板（PB）的平面布置情况；现浇整体式楼梯通常不必画出楼梯结构平面图，因其楼梯梁、楼梯板、平台板等的配筋情况可在楼梯结构剖面图中表示清楚。

该住宅楼梯为现浇钢筋混凝土双跑楼梯。本建筑图例中未绘出楼梯结构平面图，楼梯剖面图中的剖切位置可参阅建筑施工图中的楼梯详图。

9.6.2 楼梯结构剖面图

楼梯结构剖面图是表示楼梯间各种承重构件的竖向布置、构造和连接情况的图样。如图 9-15 所示，是与建筑施工图中的住宅楼相对应的楼梯剖面图，它表明了剖切到的梯段板（TB）、平台板（PB）和未剖切到但可见的梯段板（用细实线绘制）的形状和连接情况及平台板的配筋情况。本图例为该建筑楼梯结构剖面图的一部分，剖切到的梯段板、平台板的轮廓用粗实线画出。

在楼梯结构剖面图中，还应标注梯段的外形尺寸、楼层标高和楼梯平台的结构标高。

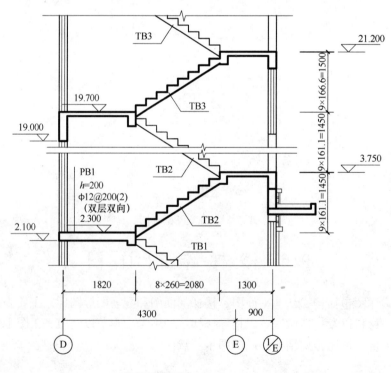

楼梯结构剖面图 1：50

图 9-15　楼梯结构剖面图

9.6.3 梯段板配筋图

为了详细表示楼梯梯段的配筋情况，需用较大比例（如 1：30、1：25、1：20）画出楼梯的配筋图及钢筋详图，与楼梯表配套使用。

如图 9-16 所示，以图 9-15 楼梯结构剖面图中的 TB2 为例：TB2 表示梯段板的编号，由表中可知为 B 号板型，梯段板厚度 h 为 120mm；板底布置的纵向钢筋编号为①，即 Φ12@150；支座处板顶受力筋编号为③、④，均为 Φ12@150；从支座处伸出长度 c_1 为 1000mm，c_2 为 600mm；板中的分布筋为 Φ8@200 双向。

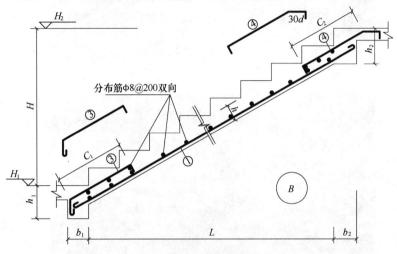

称 号		$H_1 \sim H_2$	型	$b \times h$	D	L	L_1	L_2	H	数	宽	高	b_1	b_2	①	②	③	④	⑤	C_1	C_2	备注
楼梯板	TB1	0.380-2.300	A	1150×100	100	2600			1920	11	260	175	200	200	φ10@100	φ10@100	φ10@100	φ10@100		800	800	
	TB2	2.300-3.750 18.250-19.700	B	1150×120	100	2080		1200	1450	9	260	161	200	200	φ12@150		φ12@150	φ12@150		1000	600	
	TB3	19.700-21.200 ...	C	1150×120	100	2080	1200		1500	9	260	167	200	200	φ12@150		φ12@150	φ12@150	φ12@150	600	1000	

图 9-16 楼梯表及楼梯板配筋图

在有抗震设防要求的地区，通常将两端支座处的板顶受力筋拉通合二为一，即 B 号板型中的③、④钢筋拉通为一根，以加强建筑结构体的抗震性能。

9.7 钢 结 构 图

钢结构是由各种型钢通过焊接或螺栓连接等方法组合而成的工程结构物，以其轻型、高强、制作方便的特点被广泛应用于大跨度建筑、多层和高层建筑等，例如公共建筑中的体育馆、电视发射台、大跨度的铁路公路桥等。图 9-17 中所示是主体为钢结构的广东科学馆。

9.7.1 钢结构图的分类

钢结构图主要由三部分组成。

（1）屋架简图：通常采用单线条示意图表达整个钢结构各杆件的几何中心线，一般用

(a)

(b)

图 9-17 广东科学馆

(a) 正在施工中的建筑体；(b) 竣工后的建筑体

粗实线绘出，绘制在整张图左（或右）上方，需标注出定位轴线，如图 9-19 上部所示。

（2）屋架详图：也称屋架立面图，用于表达某一构件或零件的钢结构构成，是钢屋架结构图中的主要图样。由于屋架的高度、跨度与杆件的断面尺寸相差较大，为了图示清楚，常在屋架详图中采用不同比例绘制，即屋架轴线（杆件几何中心线）用较小比例 1∶50，节点和杆件断面用较大比例（如 1∶25）绘制。屋架详图中，各杆件轮廓和节点板轮廓用粗线或中粗线，杆件几何中心线用细点画线绘出，如图 9-19 所示。

（3）节点详图：表达节点的详细构造，是屋架制作、施工中的主要图样之一，通常采用 1∶20 的比例绘制。在节点详图中，需标注出各型钢的规格、尺寸、长度、各杆件的定位尺寸及连接板的定位尺寸，如图 9-20 所示。

9.7.2 型钢的类型及标注方法

轧钢厂按国家标准所轧制而成的各种型号规格的钢材，都称为型钢。建筑工程中常用

的钢材主要有 Q_{235}、Q_{345}、Q_{390}、Q_{420}。其中 Q_{235} 是碳素钢，另外三种是低合金高强钢材，四种钢材的抗拉强度是递增的。

型钢的类型不同，其标注方法各异。表 9-5 所示，为部分常用型钢类型及标注方法。

部分型钢类型及标注方法

表 9-5

序号	名 称	图 例	标 注	备 注
1	等边角钢	L	$\llcorner b \times d$	b 为肢宽，d 为肢厚
2	不等边角钢	L	$\llcorner B \times b \times d$	B 为长肢宽
3	工字钢	I	$IN,\ QIN$	轻型工字钢加注 Q 字
4	槽钢	[	$[N,\ Q[N$	轻型槽钢加注 Q 字
5	方钢	▨	$\square b$	
6	薄壁方钢管	□	$B\square h \times t$	
7	圆钢	◯	ϕd	
8	钢管	◯	$\phi d \times t$	t 为管壁厚
9	扁钢	—	$-b \times t$	
10	钢板	—	$-t$	
11	薄壁等肢角钢	L	$B \llcorner b \times t$	
12	薄壁等肢卷边角钢	L	$B \llcorner b \times a \times t$	薄壁型钢加注 B 字
13	薄壁槽钢	[	$B[h \times b \times t$	

9.7.3 型钢的连接方式

型钢可用螺栓连接、电焊铆钉连接及电焊连接。

1. 螺栓连接与电焊铆钉连接

根据需要，螺栓连接既可作为永久性连接，也可用于安装构件时临时固定。电焊铆钉连接则是永久性连接。螺栓、孔、电焊铆钉的标注方法如表 9-6 所示。

序号	名 称	图 例	备 注
1	高强度螺栓		
2	安装螺栓		
3	永久螺栓		1. 细"+"表示定位轴线 2. 必须标注出螺栓、孔、电焊铆钉的直径； ϕ 表示螺栓孔直径 d 表示电焊铆钉直径 3. M 表示螺纹特征代号
4	圆形螺栓孔		
5	长圆形螺栓孔		
6	电焊铆钉		

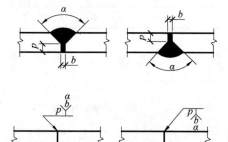

图 9-18 单面焊缝标注

2. 电焊连接

电焊连接即焊接，是钢结构中主要的连接方式，常采用"焊缝代号"表示焊缝的位置、形式和尺寸。

"焊缝代号"主要由引出线、图形符号和补充符号组成，应符合当前《建筑结构制图标准》的规定。如图 9-18 所示，为单面焊缝的标注方法。

在同一图形上，当焊缝形式、断面尺寸等均相同时，可只选一处详细标出焊缝的符号和尺寸，并注上"相同焊缝符号"。相同焊缝符号用绘制在引出线转折处的 3/4 圆弧表示；当在同一图形上有数种相同的焊缝时，可将焊缝分类编号用大写的拉丁字母 A、B 等标注，如图 9-20 中所示。

9.7.4 钢屋架结构图示例

图 9-19 中所示为某钢屋架局部结构图，其中上部为屋架简图，下部为屋架详图。在

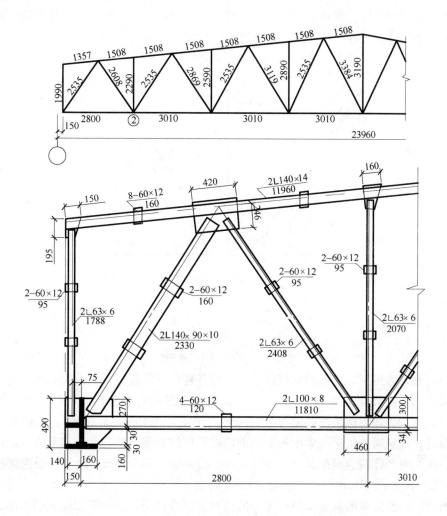

图 9-19　钢屋架结构详图

屋架简图中，由于该屋架左右对称，故只需画出一半多一点，用折断线断开。从图中可知，屋架的高度为 3190mm，跨度为 23960mm，以及各上弦杆、下弦杆、直杆及斜腹杆的长度尺寸。

屋架详图是使用较大比例绘制的与屋架简图相对应的屋架立面图，本例仅节选左端一小部分，用以说明钢结构图中结构详图的内容和绘制。

从图中可了解到组成各杆件的角钢型号、根数、长度等情况，如左端直杆 2∟63×6 表示该杆由两根等边角钢组成，肢宽 63mm，肢厚 6mm，长度 1788mm。又如左端斜腹杆 2∟140×90×10 表示该杆由两根不等边角钢组成，长肢宽 140mm，短肢宽 90mm，肢厚 10mm，长度 2330mm。由于每根杆件都由两根角钢组成，故在两角钢间有扁钢连接固定，且注明了其长度、宽度、厚度尺寸。如左斜腹杆有两处扁钢连接板 2－60×12，表示板宽 60mm，板厚 12mm，板长 160mm。从屋架详图还可了解各节点处的连接板情况，从图中可知，根据钢结构节点处杆件的根数和方向，连接板大多为矩形或梯形。

图 9-20 是屋架简图中对应编号为 2 的节点详图，为下弦杆与左、右二斜腹杆及直杆的连接处，通过与连接板焊接而成。图中除标注出组成杆件的角钢、连接杆件的扁钢及节点处连接板的规格、尺寸、形状外，还标注出了焊缝的形式。

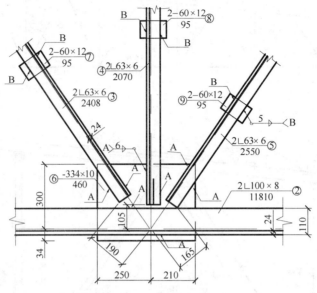

图 9-20　钢屋架节点详图

由图可知，两角钢与扁钢的连接以及节点处各杆件间的连接都是采用双面焊缝，依焊缝截面尺寸的不同分别编号为 A、B。因在该图形上多处的焊缝形式、断面尺寸等均相同，故只需选一处详细标出焊缝的符号和尺寸，并注上"相同焊缝符号"，其他处只需标注编号即可。各扁钢连接板按图中所标明的块数沿杆件长度均匀分布，在节点处需依杆件几何中心线注明各杆端的定位尺寸（如 105mm、190mm、165mm）及节点处连接板的定位尺寸（如 250mm、210mm、34mm、300mm）。

需指出，一套完整的钢屋架结构图一般还有预埋件详图、若干断面图和剖面图、材料表等。所有构件的长度、定形尺寸、规格及数量均可由材料表查得，此处从略。

第10章　给水排水施工图

给水排水工程是城市及工矿建设必要的市政基础工程。给水工程包括水源取水、水质净化、净水输送、配水使用等；排水工程是指经日常生活使用后的水（即污水），生产使用后的水（即废水）及雨水等等通过管道汇总-处理-排放等环节最终排入江河、湖泊、近海、地下深井等工程。

10.1　给水排水施工图概述

给水排水工程包括给水工程和排水工程。因为给水为压力流、排水为重力流，固然，给水用压力管，排水用重力管。给水用管相对排水用管必然要求其具有一定的强度、刚性、耐压等特质。

给水排水工程图按其内容的不同，可分为：室内给水排水施工图、室外管道及附属设备图、水处理工艺设备图。本章主要介绍室内给水排水施工图和室外管网布置图。

给水排水施工图应遵循中华人民共和国住房和城乡建设部2011年3月1日起实施的《建筑给水排水制图标准》GB/T 50106—2010的有关规定。

10.1.1　图线

给水排水施工图中对于图线的运用宜符合表10-1中的规定。

给水排水施工图中常用图线线型　　　　　　表10-1

名　称	线　　　型	线宽	用　　途
粗实线		b	新设计的各种排水和其他重力流管线
中粗实线		$0.7b$	新设计的各种给水和其他压力流管线；原有的各种排水和其他重力流管线
中实线		$0.5b$	给水排水设备、零（附）件的可见轮廓线；总图中新建的建筑物的可见轮廓线；原有的各种给水和其他压力流管线
细实线		$0.25b$	建筑的可见轮廓线；总图中原有的建筑物和构筑物的可见轮廓线；制图中的各种标注线
粗虚线		b	新设计的各种排水和其他重力流管线的不可见轮廓线

名　称	线　型	线宽	用　途
中粗虚线	━ ━ ━ ━ ━ ━ ━	0.7b	新设计的各种给水和其他压力流管线及原有的各种排水和其他重力流管线的不可见轮廓线
中虚线	─ ─ ─ ─ ─ ─ ─	0.5b	给水排水设备、零（附）件的不可见轮廓线；总图中新建的建筑物的不可见轮廓线；原有的各种给水和其他压力流管线的不可见轮廓线
细虚线	- - - - - - -	0.25b	建筑的不可见轮廓线；总图中原有的建筑物和构筑物的不可见轮廓线
单点长画线	─ · ─ · ─ · ─	0.25b	中心线、对称线、定位轴线
折断线	───/\───	0.25b	断开界线
波浪线	～～～～	0.25b	平面图中水面线；局部构造层次范围线；保温范围示意线

10.1.2　标高与管径

对于给水管道宜标注管中心标高，对于排水管道宜标注管底标高。

管径应以毫米为单位进行标注。对于水煤气输送钢管（镀锌或非镀锌）、铸铁管在工程图上宜用公称直径"DN"表示，如 $DN100$；对于无缝钢管、焊接钢管（直缝或螺旋缝）等管材宜用外径 $D×$壁厚表示，如 $D75×5$）；钢管、薄壁不锈钢管等管材，管径宜以公称外径 D_w 表示；建筑给水排水塑料管材，其管径宜以公称外径 dn 表示；钢筋混凝土管（或混凝土管）、管径宜以内径 d 表示；复合管、结构壁塑料管等管材，管径应按产品标准的方法表示。

关于公称直径 DN："公称直径"也称"公称通径"、"平均外径"，是管路系统中所有管路附件用数字表示的径向尺寸，公称直径是供参考的一个方便的整数。公称直径字母 DN 后面的数字既不是管道内径也不是其外径，所以，它不是实际意义上的管道外径或内径，而是近似普通钢管等内径的一个名义尺寸。这是缘自金属管的管壁很薄，管外径与管内径相差无几。同一公称直径的管子与管路附件均能相互连接具有互换性，每一公称直径，对应一个外径，其内径数值随厚度不同而不同。公称直径可用公制毫米表示，也可用英制英寸表示。

10.1.3　图例

表 10-2 根据 GB/T 50106—2010 的有关规定，列出了给水排水施工图中常用的图例，

其中管道类别以汉语拼音字母表示。

给 水 排 水 图 例

表 10-2

名　称	图　例	名　称	图　例
生活给水管	—— J ——	蝶阀	
消火栓给水管	—— XH ——	闸阀	
自动喷淋给水管	—— ZP ——	水嘴	平面　系统
污水排水管	—— W ——	皮带水嘴	平面　系统
空调凝结水管	—— KN ——	止回阀	
通气管	—— T —— 　TL	角钢	
排水暗沟	坡向	圆形地漏	平面　系统
排水明沟	坡向	方形地漏	平面　系统
室内消火栓（单口）	平面　系统	S 型存水弯	
消防栓（双栓）	平面　系统	P 型存水弯	
消防水泵接合器		立管检查口	
消防闭式自动喷头		通气帽	
信号闸阀		雨水斗	平面　系统
平衡锤安全阀		雨水口（单算）	
旋塞阀	平面　系统	雨水口（双算）	
减压阀	左侧为高压端	阀门井及检查井	以代号标注区别管道，如J、W、Y分别为给水、污水、雨水
淋浴喷头		隔油池	YC
水表井		矩形化粪池	HC
浮球阀	平面　系统	管道伸缩器	

10.2 室内给水工程图

室内给水工程图包括室内给水平面图、室内给水系统图、管道安装详图、施工说明等。本节重点介绍室内给水平面图和给水系统图。

10.2.1 室内给水平面图

1. 室内给水系统的组成

民用建筑室内给水系统一般分为生活用水系统和消防用水系统。对于低层或多层的民用建筑，可以只设生活用水系统，高层以上的民用建筑应设消防用水系统。

室内给水系统一般由以下主要部分组成，如图 10-1 所示。

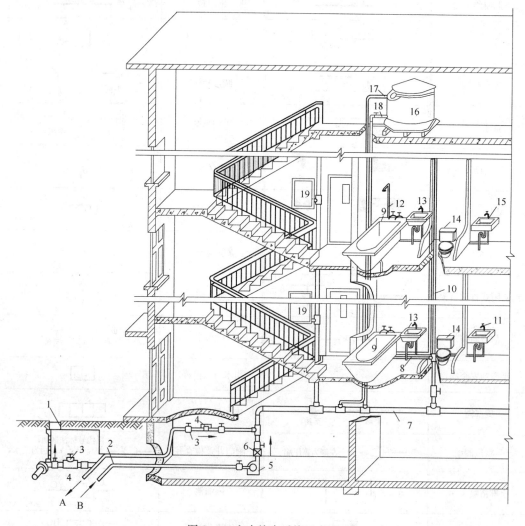

图 10-1　室内给水系统示意图

1—阀门井；2—引入管；3—闸阀；4—水表；5—水泵；6—止回阀；7—干管；8—支管；9—浴盆；10—立管；11—水龙头；12—淋浴器；13—洗脸盆；14—大便器；15—洗涤盆；16—水箱；17—进水管；18—出水管；19—消火栓；A—入贮水池；B—来自贮水池

从室内给水示意图中看出，室外管网接近该建筑物的终端是阀门井，显然它可以控制该建筑的给水系统；引入管是自室外管网引入房屋内部的一段水平管道；水表用来记录用水流量。室内配水管网主要包括水平干管、立管、支管；配水器具及附件主要包括各种配水龙头、闸阀等。升压及储水设备，是为解决用水量大或水压不足时，所需要设置的水泵和水箱等设备。室内给水系统的终端是根据功能需要而确定，如为浴盆所设置的淋浴器（喷头）、冷水和热水水龙头；为洗脸盆洗涤盆所设置的水龙头；为室内灭火所设置的消防栓及阀门等等。

2. 室内给水系统的供水方式

根据给水干管敷设位置的不同，给水管网系统可分为下行上给式，也称直接给水式，采用这种方式供水的条件是当地市政水压足够，如图 10-2 所示。上行下给式，如图 10-3 所示，这是为解决当地市政水压不足，设置水泵水箱联合给水的供水方式。还有中分式，如图 10-4 所示，与前者比较，中分式似乎更实际些，较高层用户使用水箱供水，其余能直接供水的用户则采用直接给水方式。

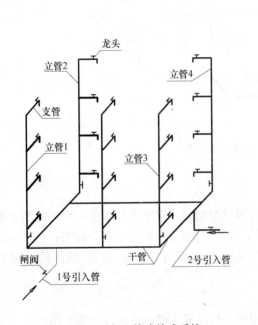

图 10-2　下行上给式给式系统

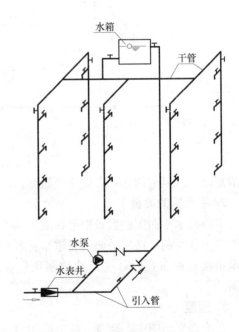

图 10-3　上行下给式给式系统

布置室内给水管网时应尽量注意：无论明装还是暗装，管系的选择应使管道最短，明装则应与墙、梁、柱平行敷设，同时便于检查；给水立管应靠近用水房间和用水点。

10.2.2　室内给水平面图的有关规定和图示方法

1. 比例

室内给水平面图主要反映各功能管道、卫生设备、厨具及其附件的平面布置情况。它是在简化的建筑平面图基础上绘制出室内给水管网及卫生设备的平面布景。通常，室内给水平面图采用与建筑平面图相同的比例绘制，一般为 1：100 或 1：50，当所选比例表达

201

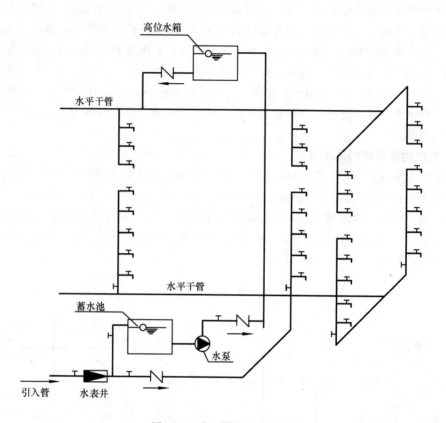

图 10-4　分区供水给水系统

不清楚时，可以采用 1：25 的比例绘制。

2. 平面图的数量

　　室内给水平面图的数量根据各层管网的布置情况而定。对于多层房屋，底层的给水平面图应单独绘制；楼层平面的管道布置若相同，可绘制一个标准层给水平面图；当屋顶设有水箱及管道布置时，应单独绘制顶层相关的给水平面图，如图 10-11 屋面给水配管网图。

3. 线型

　　在给水平面图中，墙身、柱、门和窗、楼梯、台阶等主要建筑构件的轮廓用细实线绘制，由于房屋的建筑平面图只是作为管道系统水平布局和定位的基准，所以房屋的细部及门窗代号均可省略。洗涤池、洗脸盆、浴盆、坐便器等卫生设备和器具以图例的形式用中粗实线绘制，给水管道用粗实线。

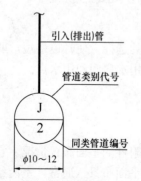

图 10-5　给水系统编号表示

4. 给水系统编号及给水立管的图示方法

　　为了方便读图，在底层给水平面图中各种管道应按系统予以编号。一般给水管以每条室外引入管为一系统，系统编号的表示方法如图 10-5 所示，其中圆的直径为 10mm，用细实线绘制；分子相应的字母代号表示管道的类别，例如"J"表示给水，分母用阿拉伯数字表示系统的编号。

在给水平面图中，用直径 3 mm（3 倍基本线宽）的圆表示立管的断面，如图 10-6 所示。其中左图为平面图的表示方法，右图为系统图的表示方法；J 表示给水管道，L 表示立管，阿拉伯数字表示立管的编号。当多根管道在平面图重影时，可以平行排列绘制。管道不论敷设在楼面（地面）之上或之下，均不考虑其可见性，应按规定的线型绘制。

图 10-7 为给水管道平面图标高的标注方法，给水管标高应标在管中心，如图 10-7 (b) 所示。

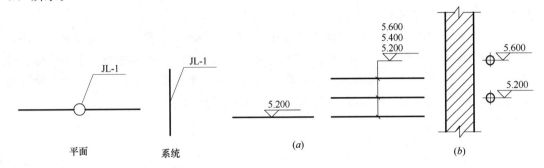

图 10-6 给水立管表示　　　　　图 10-7 管道平面图标高的标注方法
　　　　　　　　　　　　　　　　　（a）在平面图中注法；（b）在剖面图中注法

5. 管道标高标注图例

管道标高的标注方法应按图 10-7 的方式标注。

10.2.3 室内给水系统图的有关规定和图示方法

给水系统图是用来表达各管道的空间布置和连接情况，同时反映各管段和管径、坡度、标高及附件在管道上的位置等。因为给水管道在空间往往有转折、延伸、重叠及交叉的情况，所以为了清楚地表现管道的空间布局、走向及连接情况，系统图根据轴测投影原理，绘制出管道系统的正面斜等轴测图，如图 10-2、图 10-3、图 10-4 所示。

给水系统图一般从某个系统引入管开始，依次表示水平干管-立管-支管-放水龙头-卫生器具等。

1. 比例

室内给水平面图是绘制室内给水系统图的基础图样。通常，系统图采用与平面图相同的比例绘制，一般为 1∶100 或 1∶50，当局部管道按比例不易表示清楚时，可以不按比例绘制。

2. 线型

给水系统图中的管道依然用粗实线表示，管道的配件或附件（如阀门、水表、龙头等）图例用中粗实线表示。卫生器具（如洗涤池、座便器、浴盆等）不再绘制，只是用粗实线画出相应卫生器具下面的存水弯或连接的横支管。

3. 图示方法

系统图习惯上采用 45°正面斜等轴测投影绘制。通常把高度方向作为 OZ 轴，OX 和 OY 轴则以能使图上管道简单明了，避免管道过多地交错为原则。三个方向的轴向伸缩系数相等均取 1。当系统图与平面图采用相同的比例绘制时，OX、OY 轴方向的尺寸可以直接在相应的平面图上量取，OZ 轴方向的尺寸按照配水器具的习惯安装高度量取。

室内给水主要表现给水系统的空间枝状结构，即系统图通常按独立的给水系统来绘制，每一个系统图的编号应与给水平面图中的编号一致。

为了使系统图的图面清晰，对于用水器具和管道布置完全相同的楼层，可以只画一层完整的配置，其他楼层省略，在省略处用 S 形折断符号表示，并标注写"同底层"的字样。

当管道的轴测投影相交时，位于上方或前方的管道连续绘制，位于下方或后方的管道则在交叉处断开，如图 10-8 所示。

在给水系统图中，应对所有管段的直径和标高进行标注。管段的直径可以直接标注在管段的旁边或引出线引出。给水管为压力管，不需要设置坡度。给水系统一般要求标注楼（地）面、屋面、引入管、支管水平段、阀门、水龙头、水箱等部位的标高，给水管道的标高以管中心标高为准，标高数字以米为单位，如图 10-9 所示。

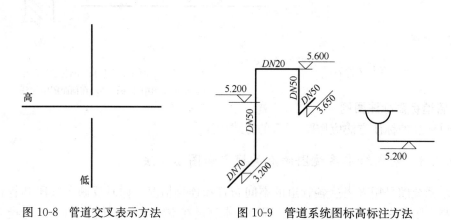

图 10-8　管道交叉表示方法　　　　图 10-9　管道系统图标高标注方法

10.2.4　阅读室内给水平面图和给水系统图

在给水平面图、系统轴测图中，水管、水表、水泵、阀门、水箱、卫生设备等均是用图例符号表示，见表 10-2 所示。所以，在给水平面图中难以看出其三维空间的布置系统，读图时应将给水平面图和给水系统轴测图相互对照，这样就会产生三维布置效果。

1. 阅读室内给水平面图

对于一般的小型民用建筑，室内给水排水工程管网布置不太复杂，通常将室内给水、排水平面图绘制在同一张图纸上。对于复杂的高层建筑或大型建筑，可以将室内给水、排水平面图分开绘制。

以前面介绍的某中高层住宅为例，因为其属于一般规模建筑，可以将室内给水、排水平面图合并绘制，但为了表述清楚，该案例采取了分别绘制的方法。如图 10-10 所示，图中表示了中高层住宅二-八层给水排水立管布置，其中 JL-1、JL-2 分别为 A 户型、B 户型的给水立管，为保障供水和准确测量每户水流量，这里为每户设置独立的立管，每户都是独立的一套给水系统。此处需要提示的是，给水立管一般从底层到顶层管径逐渐减小。

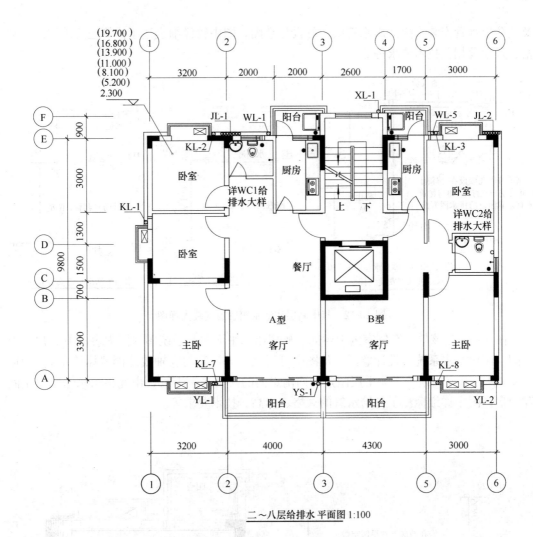

二～八层给排水 平面图 1:100

图 10-10   给水排水工程立管布置图

2. 阅读室内给水平面图与系统图

为详细了解该案例每户独立给水系统，请详见图 10-11、图 10-12。图 10-11 表示了该案例在屋面上布设的生活给水配管及水表箱的设计；图 10-12 分别表示了水箱进水管安装

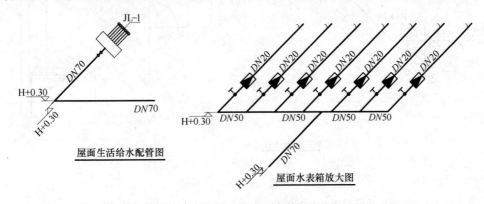

图 10-11   某中高层住宅屋面生活给水配管图及水表箱放大图

及消防出水管安装、生活出水管安装的设计意图，图中较详细表达了诸管道安装路线、规格、尺寸及相关技术要求等。

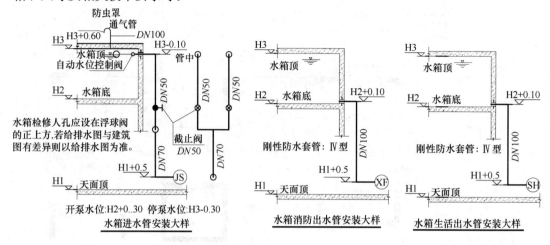

图 10-12　某中高层住宅水箱管道安装大样图

图 10-13 是该教学案例室内卫生间、厨房给水平面图与系统图，图中表示了 B 户型卫生间、厨房给水系统的设计意图。从图中可看到，通过Ⓔ与⑥轴线北侧墙体给水立管 JL-2 送水，行至室内地砖下找平层暗敷的西南走向的两只水平干管，由此将给水送至卫生间和厨房。图中详细标注了各给水管的规格、标高、技术要求等。

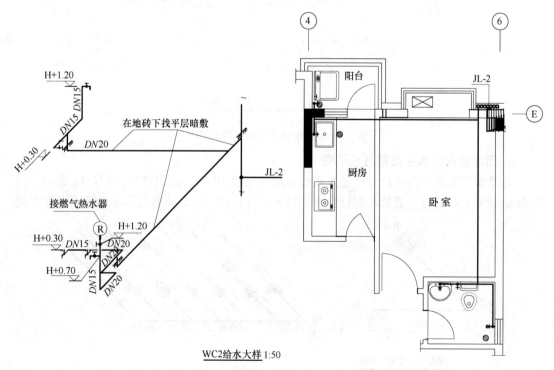

图 10-13　某中高层住宅卫生间、厨房给水平面图与系统图

10.3 室内排水工程图

10.3.1 室内排水平面图

首先看室内排水系统的组成，如图 10-14 所示。

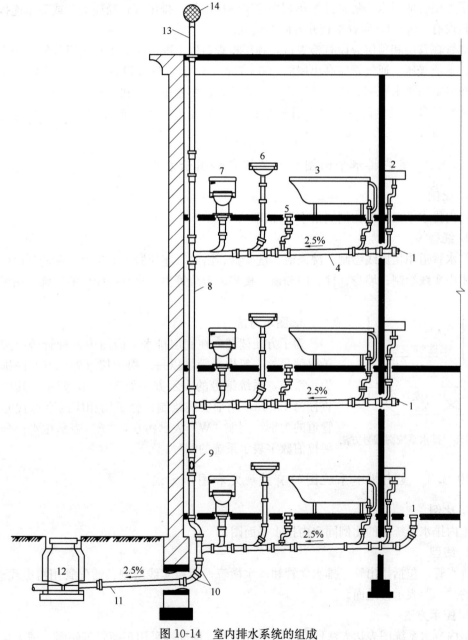

图 10-14 室内排水系统的组成

1—清扫口；2—洗涤盆；3—浴盆；4—横支管；5—地漏；6—洗脸盆；
7—大便器；8—立管；9—检查口；10—45°弯头；11—排出管；
12—排水检查井；13—伸顶通气罩；14—网罩

民用建筑室内排水系统的主要任务是排除生活污水和废水（居民住宅所排的水基本属于污水，工厂、实验室所排以废水为主）。一般室内排水系统由以下主要部分组成，如图10-14所示。

清扫口、洗涤盆（厨房等用水）、浴盆、洗脸盆、地漏、大便器等所排污水均流入排水横支管，排水横必须沿水流方向设计2%左右的坡度，当卫生器具较多时，应在排水横管的末端设置清扫口。横管将污水送入排水立管，这些连接各楼层排水横管的竖向管道，汇集了各横管的污水，将其排至建筑物底层的排出管，排出管管径应大于或等于连接的立管，且设有1%～2%向着检查井方向的坡度。

立管在首层和顶层应设有检查口，顶层检查口以上的一段立管称为通气管，用来排除臭气、平衡气压。通气管应高出屋面300～700mm，且在管顶设置网罩以防杂物落入。

布置室内排水管网时应尽量考虑：立管的布置要便于安装和检修；立管应尽量靠近污物、杂质最多的卫生设备，排出管应以最短的途径与室外管道连接，并在连接处设检查井。

10.3.2 室内排水平面图的有关规定和图示方法

1. 比例

室内排水平面图的比例同给水平面图。

2. 线型

排水管道用粗虚线绘制；洗涤池、洗脸盆、浴盆、座便器等卫生设备和器具以图例的形式用中实线绘制；墙身、柱、门和窗、楼梯、台阶等主要建筑构配件的轮廓线用细实线绘制。

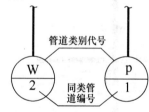

图10-15 排水系统图编号方法

3. 图示方法

为了方便读图，在底层排水平面图中各种管道应按系统予以编号。一般排水管是以每一根承接室外检查井的排出管为一系统，系统编号的表示方法如图10-15所示，其中圆的直径为10mm，用细实线绘制；分子用相应的字母代号表示管道的类别，例如"W"表示污水，"P"表示排水；分母用阿拉伯数字表示系统的编号。

10.3.3 室内排水系统图的有关规定和图示方法

1. 比例

室内排水系统图的比例同室内排水平面图。

2. 线型

排水管：包括排出管、排水立管和排水横管，用粗实线绘制；通气管用粗虚线绘制；图中的"＝"表示楼地面。

3. 图示方法

室内排水系统图表达方法同室内给水系统图，即同样采用正面斜等侧图，排水管是以每一根承接室外检查井的排出管为一系统。

由于排水管为重力管，应在排水横管旁边标注坡度，如"$i=0.02$"，箭头表示坡向，当排水管横管采用标准坡度时，可省略坡度标注，在施工说明中写明即可。

排水系统一般要求标注楼（地）面、层面、主要的排水横管、立管上的检查口、通气帽及排出管的起点等部位的标高，管道的标高以管内底标高为准。

10.3.4 阅读室内排水平面图和排水系统图

图 10-16 是该教学案例室内卫生间、厨房排水平面图与系统图，图中表示了 B 户型卫生间、厨房排水系统的设计意图。从图中可看到厨房和阳台的污水排入 WL-5 排水立管；卫生间污水排入 WL-2 排水立管。从排水系统图可详细了解标各排水管的规格、标高、技术要求等。

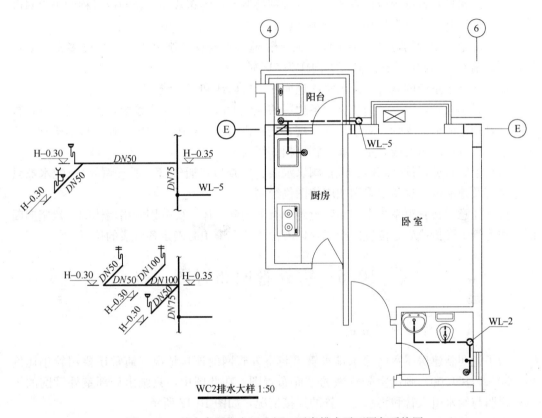

WC2排水大样 1:50

图 10-16 某中高层住宅卫生间、厨房排水平面图与系统图

10.4 给水排水工程图画法

10.4.1 室内给水排水平面图的画图步骤

绘制室内给水（排水）平面图时，一般先绘制首层给水（排水）平面图，再绘制其他各楼层（或标准层）的给水（排水）平面图，各层平面图的绘图步骤如下：

（1）绘制该楼层的建筑平面图。只绘制主要建筑构件及配件轮廓线（细实线），其方法同建筑平面图。

（2）按图例绘制卫生器具（中粗实线）。

（3）绘制管道（粗实线或粗虚线）的平面布置，凡是连接某楼层卫生设备的管道，不论安装在楼板上面或下面，均应画在该楼层的给水排水平面图上。给水系统的引入管和排水系统的排出管只需出现在底层给水和排水平面图中。绘制管道布置时，一般先画立管，再画引入管或排出管，最后按水流方向画出各支管及管道附件。

（4）标注建筑平面图的轴线尺寸，标注管径、标高、坡度、系统编号、书写文字说明。

10.4.2　室内给水排水系统图的画图步骤

室内给水排水系统图应按系统的编号分别绘制。系统布置完全相同或对称的可以只画一个，各楼层管网上下布局相同的只画一层，如图 10-13、图 10-16 所示。

（1）确定轴测轴的方向。为了使图面上管道清晰易读，避免出现管道过多交叉的现象，选择出 OX 轴和 OY 轴，高度方向作为 OZ 轴。

（2）绘制各系统的立管，定出室内地面线、楼面线和层面线。

（3）先画立管，以立管为依据画各楼层的横向管段。对于给水系统，先画引入管，再画与立管相连的横向支管。对于排水系统，先画排出管，再画与立管相连的排水横管。给水排水工程管均用粗实线表示，通气管用粗虚线表示。

（4）绘制管道附件（阀门、截止阀、水表、检查口、通气管、通气帽等）、配水器具的存水弯及地漏等，这些都采用相应的图例绘制。

应该注意，在管道系统中，与管道走向有关的各墙体，要分别画出墙体的一段竖向断面，作为管道转折或确定位置的标志，以方便阅读和施工时确定各管段的位置。

10.5　室外管网布置图

10.5.1　室外管网布置图

为了说明新建房屋室内给水排水管道与室外管网的连接情况，通常还要用较小比例（1∶500、1∶1000）画出室外管网的平面布置图。在此图中，只画出局部室外管网的干管，说明与给水引入管和污水排出管的连接情况，如图 10-17 所示。

新设计的室外管网平面布置图内容如下：

（1）给水管道用粗实线表示。房屋引入管处设有阀门井，一个居民区还应有消防栓和水表井。

（2）排水管道用粗虚线表示。由于排水管道经常要疏通，所以在排水管的起端、两管相交点和转折点均要设置检查井，在图上用直径 2～3mm 的小圆圈表示。两检查井之间的管道应是直线，不能做成折线或曲线。排水管是重力自流管，从上流开始，在图上用箭头表示水流方向。图中排水干管用粗虚线表示、雨水管用粗点画线表示。本例把雨水管和污水管独立设置，分流排出，终端接入市政管道，如图 10-17 所示。

为了说明管道、检查井的埋设深度、管道坡度、管径大小等情况，对较简单的管网布置可直接在布置图中注上管径、长度、坡度、流向等。

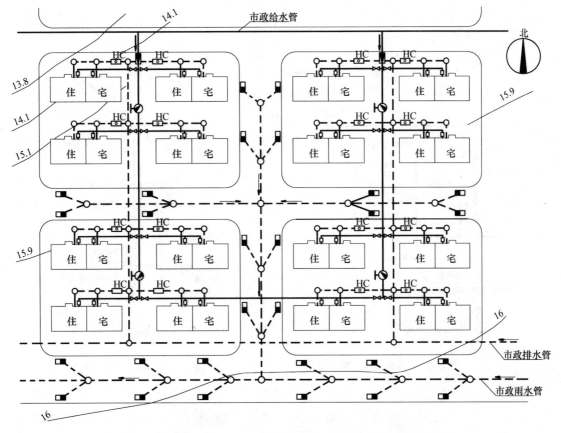

图 10-17 某住宅小区室外给水排水工程管网总平面布置图

10.6 与教学案例有关的给水排水施工图例

以下给水排水工程施工图及有关文字资料是本书教学案例某中高层住宅的一部分，介绍这些材料的目的是想为初学者者提供更多有价值的相关配套信息，以便更深入地学习和分析给水排水施工图的图示原则、设计理念和设计方法。同时，通过文字资料，进一步了解严谨的建筑规范、技术要求等，使初学者从中受到启发和专业熏陶。

10.6.1 若干相关给水排水施工图例（图 10-18～图 10-26）

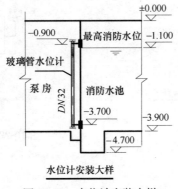

图 10-18 水位计安装大样

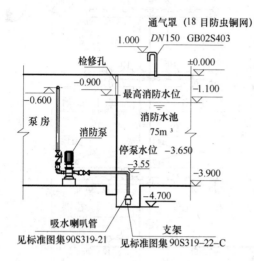

图 10-19　消防泵剖面图

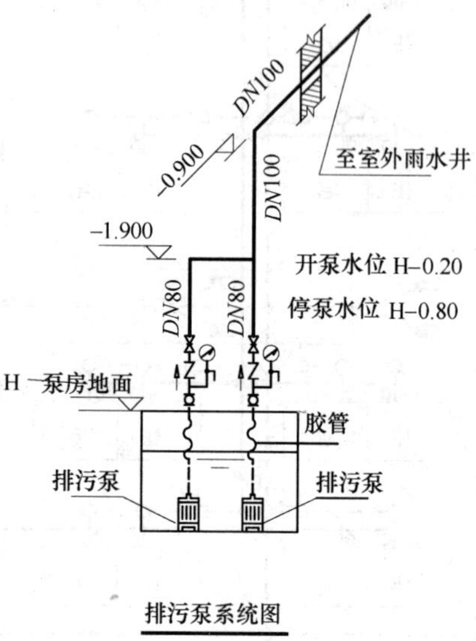

图 10-20　排污泵系统图

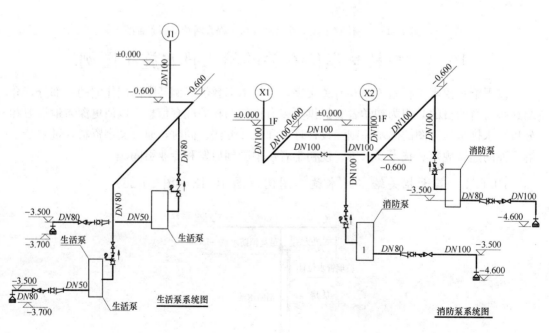

图 10-21　生活泵系统图

图 10-22　消防泵系统图

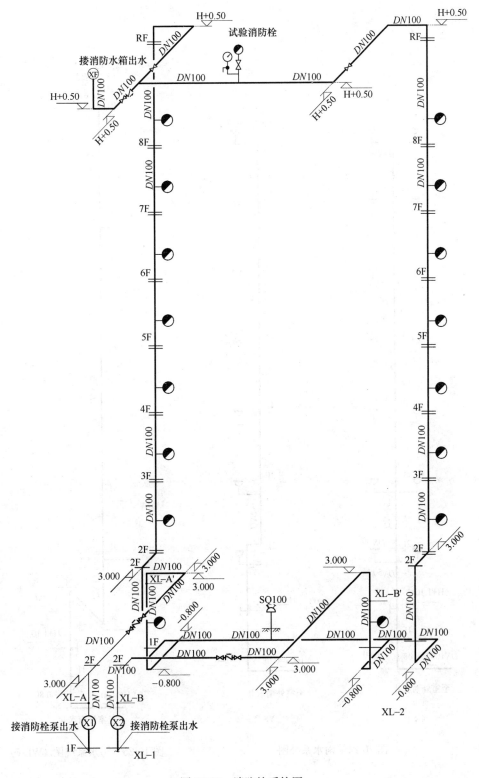

图 10-23　消防栓系统图

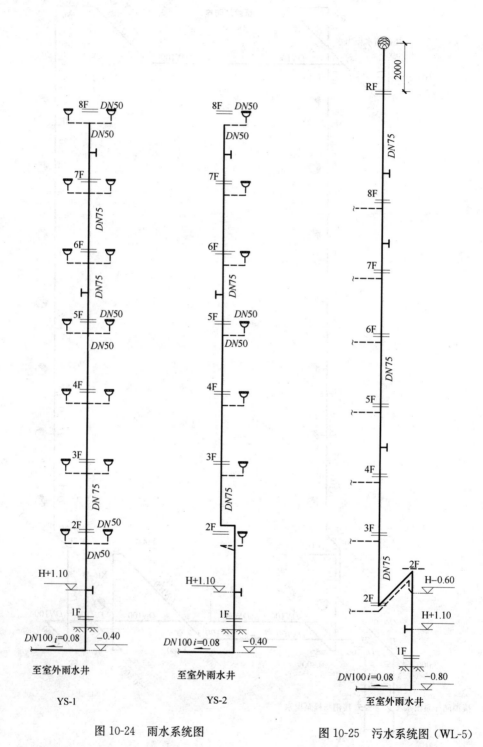

图 10-24 雨水系统图

图 10-25 污水系统图（WL-5）

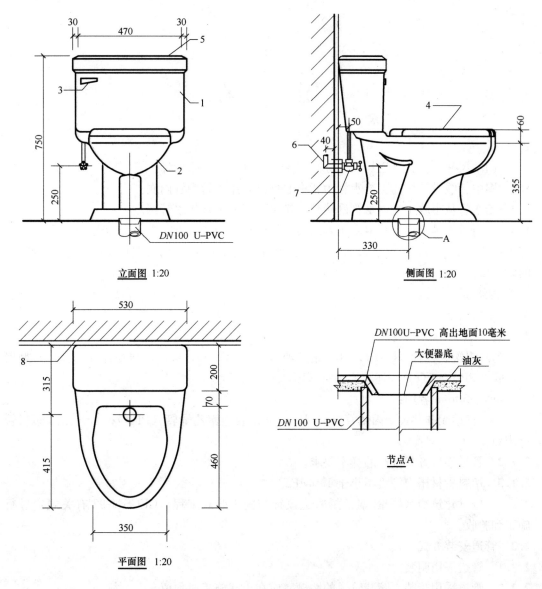

立面图 1:20

侧面图 1:20

平面图 1:20

图 10-26 坐式大便器

1—水箱；2—便盆；3—冲洗开关；4—便盆盖；5—水箱盖；
6—冲水管接头；7—进水管角阀；8—墙

10.6.2 给水排水设计总说明（附录）

附　　录

1. 总则

1.1 图中尺寸单位：管道长度与标高以米计，其余均以毫米计。

1.2 图中管线设计标高：给水管为管中心标高，排水管为管内底。

1.3 给水管从市政生活给水管网接管，排水管接入市政排水管网。

1.4 室内给水排水立管及卫生用具的给水排水管在穿过基础、楼板、墙壁时应配合土建施工预留孔洞，当管道穿过天面，给水水箱地下室外墙时，应按国标 S312-Ⅳ 预埋带翼环的防水管。

2. 室内给水

2.1 室内给水管管材及接口

2.1.1 $DN<500$mm 者用：

（a）铝塑复合管（PAP）；（b）给水塑料管（UPVC）；（c）钢塑复合管；（d）三型聚苯烯管（PP-R）；（e）胶连聚乙烯管（PEX）。

$DN>50$mm 者用：

（a）三型无硅共聚聚丙烯管（PP-R）；（b）胶连聚乙烯管（PEX）；（c）给水塑料管（UPVC）；（d）钢管。

2.1.2 管道接口方式按产品样本要求。

2.1.3 塑料管材压力等级不小于 1.0MPa。

2.1.4 按《建筑给水硬聚/氯乙烯管道设计与施工验收规程》CECS41-92 有关规定进行施工和验收。

2.2 管道安装方式

2.2.1 管道采用明装。

2.2.2 管道采用暗装，暗装管道的墙槽，应在土建施工时预留。

2.3 管道的固定

2.3.1 塑料管道的立管和水平管的支撑间距不得大于表一的规定

表一

外径（mm）		≤20	25	32	40	50	63	75	90	110
立管（m）		0.90	1.00	1.20	1.40	1.60	1.80	2.0	2.2	2.4
水平管 （m）	冷水管	0.5	0.55	0.65	0.80	0.95	1.10	1.2	1.35	1.55
	水管	0.3	0.35	0.40	0.50	0.60	0.70	0.80		

2.3.2 给水管道系统的附件、水表、阀门等应该有支承措施附件的重量或者启闭阀门时的扭矩不得作用于管路系统。

2.3.3 管道系统由干管引出的支管部位、与供水设备或容器相连接处，宜有折角悬臂管段，以补偿管道的伸缩，而不应直接采用 T 形连接方式。

2.3.4 给水横管设有 2‰～5‰ 的坡度并流向泄水装置。

2.3.5 塑料管穿过楼板时应设塑料套管，套管应高出地面 100mm。

2.4 管道的刷油及防腐

2.4.1 （a）塑料管不刷油，但颜色应与建筑饰面协调；（b）钢管刷防腐漆两道，面漆两道并与建筑饰面协调。

2.4.2 埋地管段的防腐：所有钢管及铸铁管均刷环氧煤沥清漆两道，总厚度不小于 3mm，当有特殊防腐要求时，另行设计。

2.5 天面上敷设的水平方向的管段，在闸阀、三通管、弯管及直管的下部应设管墩作为支撑，管墩间距参照本章表一，管墩所用材料为 10MPa 混凝土捣制。

2.6 在有可能检修的给水附件前后及支管的阀件前后，应装活接头以利于检修，设计图中不标明具体位置。

2.7 给水水箱按结构图施工，水箱入孔位置及进出水管管径、安装方向见本设计图，管道穿箱壁时的防水套管应配合土建施工预埋。水箱的进水管、出水管、排污管、自水箱至阀门间的管段采用衬塑钢管，水箱的溢流管及通气管出口应装设金属防虫网。

2.8 给水管道所埋深度若图中未注明，可按下述原则施工，在阀门井处为地面以下 1.00m；室外管段地面以下 0.5m，室内管段地面以下 0.3m，埋深变化段用管道纵坡调整，不用弯管等配件。

2.9 水压试验：室内给水管道试验压力为工作压力的 1.5 倍，但最小不应小于 0.588MPa，最大不超过 0.981MPa。

3. 室内排水

3.1 排水管管材及接口

3.1.1 采用硬聚氯乙烯管（UPVC）GB/T 5836-1.2-92 承插粘连式接头，并按建设部颁发的《建筑排水用硬聚氯乙烯管道工程技术规范》CJJ/T 29—98 有关规定进行施工。

3.1.2 采用镀锌钢管或不锈钢管，丝扣连接；卡箍；法兰连接。

3.2 排水管道的坡度（按表二施工）

表二

管径（mm）	50	75	110	125	160
标准坡度	0.025	0.015	0.012	0.010	0.007
最小坡度	0.012	0.008	0.006	0.005	0.004

3.3 架空铺设的横管用吊架固定

吊架参照 S161/55-14.15 页相关要求施工，吊架与吊架间距：塑料管按表三的规定；铸铁管应在每个接头处设一个吊架；配件较多的横管段可适当减少。

表三

外径（mm）	40	50	75	90	110	125	160
间距（mm）	400	500	750	900	1100	1250	1600

3.4 立管用管箍固定，参照 S161/54-47-48-49 页相关要求施工，卡箍间距：当楼层高度

不大于 4m 时，应只设一个管箍，管箍安装距楼面 1.5～1.8m。

3.5 排水管道的刷油及防腐按第 2.4 条的规定进行，当采用硬聚氯乙烯管时，管道不刷油。

3.6 设有两个以上的卫生器具，其明装水平管段的起点处应装清扫口，带检查门的弯管或带管堵的三通，图中一般不示出。

3.7 排水横管与横管、横管与立管相连接时采用 45°三通、四通或 90°顺水三通、四通。

3.8 排水立管转弯时或最末端出户转弯处，应用两个 45°的弯管与水平管 90°斜三相连，立管末端的弯头处应做 100MPa 混凝土管墩。

3.9 排水地漏的顶面要比净地面低 0.01m 地面应有不小于 0.01 的坡度。地漏选用：

（a）普通地漏，支管设存水弯；（b）洗衣机排水设专用地漏。

3.10 伸缩节的设置，伸缩节的安装位置应符合规程第 3.1.2 条立管；当层高小于 4m 时，每层设一伸缩节横管；所有排水横管当直线管段>2m 时设一个伸缩节。

3.11 卫生器具大便器的选用：

（a）蹲式，自闭式冲洗；（b）坐式，低水箱。小便器；（c）小便斗，自闭式冲洗；（d）小便斗，角式冲洗阀；（e）立式小便器，自闭式冲洗；（f）壁挂式，按钮冲洗。

3.12 埋地排水管道在隐蔽前按 GBJ 242—82 第 4.2.16 和第 4.3.5 条做灌水试验。

4. 室外给水

4.1 给水管材及接口

4.1.1 管材采用：（a）孔网钢带复合塑料管；（b）PP-R 管；（c）PEX 管。

4.1.2 接口：（a）橡胶圈接口；（b）胶接；（c）法兰连接；（d）按产品样本。

4.1.3 按《室外硬聚氯乙烯给水管道工程施工及验收规程》（CECS18：90）有关规定进行施工和验收。

4.2 给水管必须铺设在老土上，并不能铺设在石块、木垫、砖垫或其他垫块上。

4.3 当管底为软土质时，应换黏土夯实后铺管，夯实密度不低于 95%。

4.4 当管底为岩石或半岩石时，应在管底铺中砂或粗粒砂，厚 200mm 作基础。

4.5 管道回填土中不能夹有石块，砖块，草皮，树根等杂物。

5. 室外排水

5.1 排水管管材及接口：

5.1.1 DN200、DN300 的埋地雨水污水管采用 UPVC 大口径双壁波纹管。

5.1.2 UPVC 大口径双壁波纹管的接口方式详见相关产品资料说明书。

5.2 管道安装与敷设详相应的产品资料，按要求进行施工。

5.3 污水检查井按 02S515//19-20 施工；雨水检查井按 02S515/10-11 施工；井盖用铸铁材料，车道下采用重型，其他为轻型，详见 97S501-1。

5.4 生活污水接入化粪池统一处理。

6. 消防

6.1 消火栓系统：

6.1.1 本工程室内消火栓用水量 10 升/秒同时使用水枪数量为 2 支；每支水枪最小流量为 5 升/秒，每根竖管最小流量为 10 升/秒，前十分钟消火栓用水由屋顶水箱取水。

6.1.2 室内消火栓按图 99S202 施工，安装方式：（a）明装；（b）半明装；（c）暗装。

6.1.3 消火栓水管管材及接口：消火栓水管用热镀锌钢管，当 $DN<100$mm 时丝扣连接；当 $DN>100$mm 时采用卡箍连接。

6.1.4 消火栓箱材料采用：（a）铝合金；（b）钢板，消火栓采用：$DN65$ 型直流水枪 $\phi19$mm，衬胶消防水龙带 $L=25$m；消防软管卷盘包括 $DN25$ 软管 20m 及灭火喉。

6.1.5 消火栓箱暗装或半暗装，按建筑施工图要求与采购的成品相匹配，消防栓栓口离地面 1.1m。

6.2 室外消防

6.2.1 室外消火栓采用 SS100 型地上式消火栓，按 01S201 标准施工，消防水泵接合器按 SQ100-A 型施工。

6.3 消防管道试压

6.3.1 消防栓系统试压力为工作压力的 1.5 倍，但最低不小于 1.4MPa，其压力保持两小时无明显渗漏为合格。

7. 其他

7.1 工程施工和验收凡未说明部分，均应遵照国家标准《建筑给水排水及采暖工程施工质量及验收规范》GB 50242—2002 中的有关规定施工和验收。

7.2 根据建筑物的不同性质和功能，按《建筑灭火器配置设计规范》GBJ 140—90 配置灭火器并由建设方自理。

7.3 采用标准图集号，详见表四内容。

表四

序　号	名　　称	集　号
1	给水排水标准图集	S1. S2. S3
2	钢制管道零件	S311
3	卫生设备安装	99S304
4	管道支架及吊架	S161
5	室内消火栓安装	99S202
6	消防水接合器安装	99S203
7	雨水斗	01S302
8	室外消火栓安装	01S201
9	住宅用热水器选用及安装	01SS126
10	小型潜水排污泵选用及安装	01（03）S305
11	防水套管	02S404

参 考 文 献

[1] 张会平. 土木工程制图. 北京：北京大学出版社，2009.

[2] 莫章金，毛家华. 建筑工程制图与识图. 北京：高等教育出版社，2006.

[3] 易幼平. 土木工程制图. 北京：中国建材工业出版社，2002.

[4] 宋兆全. 土木工程制图. 武汉：武汉大学出版社，2000.

[5] 杨松林. 建筑工程 CAD 技术应用及实例. 北京：化学工业出版社，2007.

[6] 张英. 建筑工程制图(第二版). 北京：中国建筑工业出版社，2008.

[7] 龙玉辉. AutoCAD2006 中文版实用教程. 北京：中国铁道出版社，2007.

[8] 中华人民共和国住房和城乡建设部. 房屋建筑制图统一标准 GB 50001—2010. 北京：中国计划出版社，2010.

[9] 司徒妙年，李怀健. 土建工程制图(第二版). 上海：同济大学出版社，2001.

[10] 罗良武，田希杰. 图学基础与土木工程制图. 北京：机械工业出版社，2005.

[11] 张岩. 建筑工程制图(第二版). 北京：中国建筑工业出版社，2007.

[12] 中国建筑标准设计研究院. 混凝土结构施工图平面整体表示方法制图规则和构造详图. 北京：中国标准出版社，2003.

[13] 聂桂平. 现代设计图学基本训练(第二版). 北京：机械工业出版社，2005.

[14] 谢步瀛. 土木工程制图. 上海：同济大学出版社，2004.

[15] 段其骏. 设计图学习题集(第二版). 北京：机械工业出版社，2008.

[16] Giesecke Mitchell. Spencer Hill Loving Dygdon Novak. Engineering Graphics (Eighth Edition). Upper Saddle River. NJ07458，2003.

[17] A. T. CHAHLY. Descriptive Geometry. THE HIGUER SCHOOL PUBLISHING HOUSE，2003.

[18] 马彩祝. 建筑轴测图实践教程. 长春：吉林人民出版社，2004.